创富相对论

众人向左你要向右

商晨 著

民主与建设出版社

图书在版编目（CIP）数据

创富相对论：众人向左你要向右：《福布斯》顶级富豪的8堂创富课/商晨著．—北京：民主与建设出版社，2017.9

ISBN 978-7-5139-0780-4

Ⅰ．①创… Ⅱ．①商… Ⅲ．①成功心理—通俗读物 Ⅳ．①B848.4－49

中国版本图书馆CIP数据核字（2015）第222981号

创富相对论：众人向左你要向右

CHUANGFU XIANGDUILUN: ZHONGREN XIANGZUO NI YAO XIANG YOU

出 版 人	许久文
著 者	商 晨
责任编辑	李保华
整体设计	刘红刚
出版发行	民主与建设出版社有限责任公司
电 话	（010）59417747　59419778
社 址	北京市海淀区西三环中路10号望海楼E座7层
邮 编	100142
印 刷	三河市天润建兴印务有限公司
版 次	2017年9月第1版　2017年9月第1次印刷
开 本	710 mm × 1000 mm　1/16
印 张	16.75
字 数	216千字
书 号	ISBN 978-7-5139-0780-4
定 价	39.80元

注：如有印、装质量问题，请与出版社联系。

追求财富， 也是一种信仰

　　财富通常被认为是世俗的、功利的。而事实上，财富所指并非仅于物质资源，还包含品格、思想、智慧等各种精神元素，正是获取个体成就感、赋予人生意义的载体。甚至可以说，追求财富，本身也是一种信仰。

　　生存是任何人一生都不能逃避的问题，财富是衣食的来源，是个体得到尊重和自由的保障。景仰那些成功获得财富者，是追求优质人生、对改变不理想的生活状态具有强烈渴望的表现。财富的获得是要靠许多优良的素质来做支撑的，比如勤于思考、善于合作、不惧竞争、懂得合理利用资源等实际能力，以及勤奋、忍耐、专注、坚持、好学等难得的精神品格。财富所拥有的涵义远比人们通常想到的要更为丰富。

　　"福布斯富豪榜"汇聚了全球最成功的创富者群体，深入研究他们，就是对现代社会人类在获取财富方面最优秀的人才做系统的分析，其意义无疑是巨大的。福布斯富豪们的创富与经营法则、商业思想、品格与精神，对每一个渴望财富的人都具有很大指导意义。当你洞悉了福布斯富豪们的经历，汲取其经验应用于创富或其他领域，从而不断地完善自己，即便不能成为顶尖富豪，也必将受益无穷。

本书描写了众多顶尖富豪的创富历程，对其创业起因、过程、解决问题的方法及所取得的卓越成就做了透彻分析，展现了富豪们不同于一般人的愿景、选择、努力、坚持等个性特征。那些渴望拥有财富的人们应该从中学习其成功方法和品格特征，复制他们的成功基因。

我们经常会看到一些教人迈向成功的词句，诸如有眼光、懂投资、能抓住机会、有效利用资源、坚持不懈、能从失败中获得营养，等等。然而这些看似简单的词句背后，都有着十分复杂的细节，要真正理解这些词句中蕴含的意义，你还需要进行更多的思考。本书就力求将这些词句背后的内容一一挖掘出来，呈现给读者们。你会看到一个个顶尖富豪追求财富路上的很多镜头，其独特的做法与人格特质会吸引你，在潜移默化中被你接受，最终变成你自身的优势。

创富是有"相对论"的。当别人一拥而上去投资一个行业领域时，你却能保持头脑清醒，不为之所动，或许你就远离了泡沫；当别人觉得一个企业濒临倒闭，躲之唯恐不及时，你却能发现它的优势，低价购入，再换一种方式去经营它，你或许会得到巨额的回报；在别人没看清一个行业的发展趋势时，你能先预见到，并抢先占据有利位置，或许你就会成就一份伟大的事业；当别人还在用传统的方式做交易和服务时，你却率先采用新的、高科技的手段来操作，无疑就会提高效率、降低成本，让业务走上快车道。正所谓"众人向左，你要向右"，就是要富有远见地，做出不同于别人的、具有领先性的事业选择。这是那些顶尖富豪们成功的重要原因所在，也是我们应该有意识地去培养的经营思维。

本书不仅写了乔布斯、比尔·盖茨、巴菲特、扎克伯格、拉里·佩奇等异国富豪的卓越方法与杰出个性，也写了我们非常熟悉的马云、史玉柱、俞敏洪、张欣、丁磊等本土顶尖富豪的传奇经历与杰出素质。我们能很清晰地从中看明白，他们曾经怎样把握机会、选择项目、做出改进、以小生大、突破重围……他们创富的好方法能让很多人阅后茅塞顿开，他们的失败教训也能让很多人避免掉入无处不在的陷阱。

不仅如此，本书还促使人们进行更深入的人生思考。充分考虑清楚自己一生最想要的是什么，应该放弃一些什么，这样才能更加专注，也才更容易成功；让别人和你一起从中受益，或一起合作赚钱，或获得更优秀的产品或服务，你的财富才会不断地获得增殖，事业才会基业长青。

如果追求财富是你矢志不渝的信仰和梦想，那么你要做的就是：不为贫穷寻找借口，而为富有寻找可能。在别人纷纷向左时，你却聪明地向右，即使你并非刻意地去追求，相信财富也会扑面而来。这就是"福布斯"顶级富豪的 8 堂创富课带给你的智慧财富。

创商（CQ）发明人李放

2017 年 1 月 28 日于北京

第1堂　眼界课:
眼光有多远, 生意就有多大

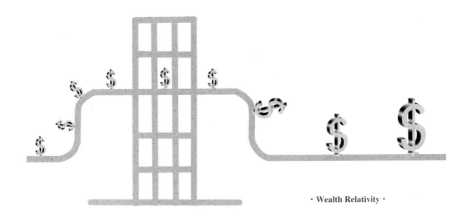

· Wealth Relativity ·

　　在《福布斯》富豪排行榜上, 那些获得巨大财富的成功者, 都是有眼界, 目光放得很远的人。而这种眼界有赖于实践中的训练, 他们很多人曾经在合适的平台上得到亲自运作, 在要求极为严格的环境里不断提升自己, 从而成为目光远大的人。

据统计，曾经在金融业攫取巨大财富的 61 位富豪中，至少有 6 人曾在久负盛誉的高盛投资银行的业务、交易或者资产管理等部门打磨自己的刀锋。所以可以说，就职于投资银行高盛是在华尔街取得成功的一项重要资本，特别是就职于高盛这顶王冠上的明珠——风险套汇部门，那简直可谓是通向富豪榜的一块跳板。曾就职于高盛此部门的人包括：亿万富翁兰伯特、邓肯·尼德奥尔、丹尼尔·奥克，有"华尔街救火队长"之称的约翰·塞恩、叱咤政商两界的风云人物罗伯特·鲁宾，还有被无数中国人追捧的成功女性——SOHO 中国的创始人之一张欣。

放眼未来，才能把握现在

那些了解行业趋势，有着新的理念，又能先人一步行动的人更容易成功。中国的张欣和美国的约翰·塞恩都是这一类人，"先人一步"可以是一个企业的精神，也是很多成功者自己的职业精神。

"先人一步"，SOHO 中国引领新时代

张欣作为潘石屹的妻子为中国人所熟知，也有很多人熟知她的经历和做事风格。她 20 世纪 60 年代生于北京，1992 年获得英国剑桥大学发展经济学硕士学位。刚毕业就进入了巴林银行，原本要去巴林香港分公司工作，当时却赶上她所在的部门被高盛收购，她因此成为高盛的员工

——一位年轻的分析员。高盛的文化与要求让她迅速成长起来,几年后成为了年薪将近 20 万美元的投资银行家。

对于高盛教给张欣的是"先人一步"的创新精神,这种精神让她在专业领域超越了很多人,因此有了自己的事业,成为职业女性的典范。作为 SOHO 中国有限公司 SOHO 现代城、建外 SOHO、亚洲建筑师走廊、海南博鳌蓝色海岸的主人,张欣收获了巨大的财富。2009 年 4 月,她被美国《福布斯》杂志评为"全球最有影响力的女富豪"之一,排在奥普拉和 eBay 的前 CEO 惠特曼之后。

高盛的"先人一步"理念又该怎样解读呢? 高盛集团 (Goldman Sachs) 由马可斯·戈德门于 1869 年创立于纽约,是一家集投资、证券交易和投资管理等业务于一体的投资银行。

投资银行的业务风险性很高,极富创新性,常常会创造奇迹,让一个公司迅速成名,让一些企业迅速拥有巨额财富。高盛已有 140 多年的历史,"先人一步"和"率先模仿"是该集团在发展中总结出来的实用理念,每个员工都接受了这个理念并将其运用自如。所以高盛的员工都要善于创新,这个能力也使他们受益终生。

高盛的理念是在实践中总结出来的。在 20 世纪 90 年代,高盛靠做代理人和咨询顾问赢利,这一模式让高管层很有危机感,他们认为采用这样的模式不是长久之计,必须要采取行动,作出改变。经过考量,投资业务成为他们的首选,这在当时完全是"先人一步"的,他们还成立了 GS 资本,即合作投资基金。这个基金依靠股权包销、债券包销或公司自身基金来进行投资,主要是五年到七年的长期投资,投资期满后再将公司出售。投资基金刚推出三年,就让高盛的收入增长到原来的十倍,而之前的业务的收入只增长到原来的两倍。

在推行投资基金业务时,有一个很成功的案例。高盛于 1994 年给一个服装行业的公司拉夫·劳伦公司投资 13.5 亿美元,从而得到这家公司 28% 的股份，三年后，它将 6% 的股份套现，金额达 4.87 亿美元，其他股份也增值到 53 亿多美元，公司资产迅速变为投资额的四倍多，一举大获成功。高盛因此将"先人一步"与"率先模仿"作为自己的重要发展战略，并让每个员工都培养这样的能力。

1994 年 5 月，在同学的建议下，张欣回到中国作了一次考察，没想到这一次回国竟使她的人生发生了巨大的改变。她当时考察的就是后来地产界赫赫有名的"万通"公司，这个公司"披荆斩棘，共赴未来"的理念打动了张欣，对这群有理想的创业者，她产生了发自内心的欣赏，而她更大的收获是，在那里找到了自己的人生伴侣——潘石屹。

1995 年，已经具备了创业能力的张欣离开了高盛，和丈夫潘石屹用之前的积蓄一起创立了"红石"。三年后，他们准备在中国打造出一批风格简约、时尚的公寓，满足数量逐步增长的中产阶级的需要，这是受到日本房地产业的启示，这种住宅被称为 SOHO 式住宅。他们把"红石"改名为 SOHO 中国，中国建筑业的一个新时代也随着 SOHO 中国的诞生而到来。

楼内是白墙和原木地板，楼外是红、黄、绿、紫等颜色，与长期作为城市主色调的灰色形成巨大反差，活泼、灵动，吸引眼球。现代清新风格与传统灰色毛坯房竞争起来优势极为明显。时尚、简约也正满足了那些需要商住两用住宅的人，也改变了人们一直以来对住宅的认识。这不能不说是张欣的创新，她做到了"先人一步"。

张欣在接受《DOMUS》杂志采访时表达了自己对当初创意的欣慰。她说开始 SOHO 现代城的项目时，北京差不多是清一色的灰色，现在让建筑充满色彩已经不算突破，北京的色彩已经很丰富了，在当时 SOHO 现代城是一次有意思的尝试，她引领人们想到更多的风格。也因此，香港的《南华早报》称赞张欣是"为北京带来色彩的人"。

不久，张欣和潘石屹看中了处在快速发展中的朝阳区主干道上的一块地，打算将公寓和写字楼融于一体，做一个大型的房地产项目，也就是现代城的项目。张欣大胆引入新元素，首先是外观，其次是住宅的作用，再次是住宅的概念。在作用方面，建筑设计引了新的思维：把朝阳的、光线好的位置给白天所用的房间，比如办公室，睡房不注重光线，睡房的空间还让给客厅。这个项目的概念是"居家工作"（Small Office，Home Office），在家里办公，拥有自由、弹性的工作方式。

在现代城的项目中，张欣负责房地产产品的制作以及与产品制作有关的社会形象推广，而潘石屹则负责除此之外的重要的商业决定，俩人各有侧重，分工协作。张欣的创新远不止停留在设计理念层面，在实际项目的销售过程中，张欣的创新精神也助推了这个项目的最终成功。

张欣的创新不仅用在了设计上，也用在了销售过程中，她率先将样板间引入了中国。

当时，北京的房地产业没有给客户看样板间的先例，展示给客户的都是毛坯房，张欣想建一个样板间，让购买者看到住宅的真实样子，并直接感受到它。而潘石屹并不同意张欣的想法。

张欣觉得建一个样板间很有必要，就瞒着潘石屹建了起来，潘石屹知道张欣精装样板间的时候非常不高兴，让张欣拆掉它。张欣用自己的柔情与道理说服了潘石屹，说叫她把家具都放好再看，要是还是觉得不行，再拆。出乎潘石屹的意料，样板间在客户中引起了轰动，人们争相来买房，张欣再一次取得了预想的结果。

张欣在高盛的历练，让她对创新意识有了更深刻的认识，不能不说这种意识让她敏锐地看到了中国房地产行业发展的前景，因此走在了别人的前面。

启用新模式，纽交所重振往日雄风

约翰·塞恩被称为华尔街"肥猫"，他的超凡能力和桀骜不驯都为人们所接受与追捧，他就是高盛"先人一步"的典型代表。

他成功治理了纽约证券交易所，被称为"救火队长"。2007 年，他在世界上最大的证券经营商美林公司任职董事长兼 CEO 时，挽回了该公司在 2006 年爆发的次债危机中的损失。2010 年，约翰·塞恩成了美国中小企业贷款公司 CIT 的掌门人。

在高盛的历练使他到哪里都能得心应手。1999 年 5 月至 2003 年 6 月，他在高盛集团有限公司任总裁兼联席首席运营官，并于 2003 年 7 月起任总裁兼首席运营官。在高盛时，约翰·塞恩就是最早买卖抵押贷款证券的交易者之一，并将买卖抵押贷款的部门转变为赢利部门。他比别人先意识到，抵押债券比传统产品风险大，这种高风险也引起了高盛的合作伙伴的关注。

2003 年，有着 200 多年历史的纽约证券交易所由于高层薪酬过高而不堪重负，也因此出现了负面社会评价。纽约证券交易所的交易系统也存在严重的问题，这使交易席位的转让费用从 1999 年的 270 万美元跌至 2003 年的 100 万美元左右。

约翰·塞恩于 2003 年辞去了高盛总裁职务，临危受命于纽约证券交易所，于 2004 年 1 月 15 日成为纽约证券交易所的首席执行官。

他认为，尽管世界金融市场出现了新趋势，投资银行成了全球经济一体化的先锋，证券交易所相对落后了，但其仍然是重要的国家资产，对于一个国家来说不可或缺，就像航空和邮政系统不可或缺一样，是不能退出历史舞台的。对此他做了大量的市场调查，发现有着很大的市场空间。而当时最重要的是改变困境，他选择了让纽交所上市。

约翰·塞恩看上了借壳上市的目标——网络群岛电子交易所（Archipelago Holdings），而这个交易所是在高盛控制之下的，15% 的股份属于高盛，而高盛也是纽交所的五大股东之一。来自高盛的约翰·塞恩自然会更清楚这次上市的操作，2005 年 4 月，纽约证券交易所正式宣布收购了群岛电子交易所，纽交所成了以赢利为目的的上市公司。2006年 3 月 8 日，以 NYX 为代码的纽约证券交易所集团股票正式交易，当天，股价突破了 80 美元，该集团的总市值达到 126 亿美元。

约翰·塞恩将纽交所分为两个交易市场，分别是过去的主板市场和纽交所高增长板。那些没有达到纽交所上市要求的成长型公司先在高增长板上市，可以提供股票期权交易。就这样，一个开放的、可以匿名交易的、完全电子化的纽交所场外市场建立了起来，成为上市的一种创新模式。

很多人对纽交所上市给予了高度评价，说这成功抢夺了纳斯达克的市场份额，使之再次成为世界第一。

在纽交所，大量交易是在瞬间完成的。那种巨大的工作量让用手势互相报价的交易员们压力巨大，而在应用计算机后效率迅速提升。因此约翰·塞恩推出了以电子交易为主、人工交易为辅的混合交易系统，成本下降了，快速交易的要求也得到了满足。

当然，这一举措意味着不再需要那么多交易员，很多人会失业，这在当时引发了怀疑和抗议。约翰·塞恩说这是纽交所必须要作出的选择，这是吸引投资、摆脱困境的有效途径。他相信混合模式是最科学的交易模式，人工交易不会被全部取消，专家交易员能为股票确定合理的价格，防止出现暴涨或暴跌的情况。他坚持了下来，让混合交易模式取代了传统模式。从此交易大厅没有了那么多手忙脚乱的交易员，喧闹声也停止了，更多的投资者被吸引了过来。

先人一步，有所创新，这只华尔街"肥猫"步履轻盈地走向很多难题，并让它们迎刃而解，他因此成为了很多人的榜样。

认准趋势，做出最好的选择

了解自己，为自己做出一份完美的职业规划是很多成功者的共性。能做出完美职业规划的人，一定是看到了未来 10 年、20 年趋势的人。只有先看到趋势，才能做出对的选择，路才能走得更顺。

合理规划，开对冲基金公开上市先河

从高盛走出的很多资本大鳄，当初都有完美的职业规划，这是他们在高盛必须想清楚的问题，而这也成为很多人后来成功的一个原因。而曾在高盛就职的丹尼尔·奥克就是其中一位。他在高盛积累了丰富的经验和资源，在适当的时候却华丽转身。

毕业于沃顿商学院的丹尼尔·奥克，1982 年进入高盛的风险套利部门，这被他称为在一个非凡地方的非凡工作。因为高盛的风险套利部门在 20 世纪 80 年代被称为"投资学校"，那里是学习投资的最好的地方。

在这个不平凡的地方，丹尼尔·奥克有机会接触了很多金融大亨，他亲历了帮助那些金融大亨不断积累财富的过程。他怎么会想不到将来通过运作，让自己的财富升级，这对他来说只是早晚的事。有了这样的计划，经验和资源的积累使他更有了方向性。

1994 年，丹尼尔·奥克开始了自己的转身行动。他与出版业巨头的继承人齐夫三兄弟达成了一致意见，从高盛辞职，为齐夫三兄弟成立的 Och – Ziff 资本管理集团管理 1 亿美元的投资。

这家公司当时还什么都没组建起来，只有 7000 平方英尺的办公室、一部电话、一盏灯和一个雇员。丹尼尔·奥克一步步组建起该集团的内部元素，于1999年后开始吸引投资，主要的目标是养老金和大学捐赠基金的投资者。三年后，Och－Ziff资本管理集团的资产达到58亿美元。

丹尼尔·奥克本来的计划就是来个大手笔，把Och－Ziff资本管理集团做成大型的机构投资平台，而不是做成对冲基金生意的小商店。丹尼尔·奥克在投资方面非常有天分，加上在高盛的实战经验，他总是能很准确地判断出债券的优劣并做出合理的重组战略。

OZ在对冲基金领域备受关注，机构投资者非常乐于给OZ投资。从2002年起，OZ以每年大于40%的幅度递增，增长速度是行业平均速度的两倍，它的资金七成来自机构投资者和组合基金。2010年，OZ已经有268亿美元的资金，这在1.5万亿美元的对冲基金市场中已是佼佼者。这是因为OZ有着丰厚的投资收益，OZ的旗舰基金OZ Master Fund Ltd. 的年回报率是12.2%。

OZ的客户包括加州公务员退休基金、新泽西财政局投资部门、弗吉尼亚退休基金、新墨西哥公务员退休联盟以及密歇根大学捐赠基金，他们管理的资金分别是2471亿美元、870亿美元、560亿美元、131亿美元及57亿美元。

2007年，一向在业内如隐士般低调的丹尼尔·奥克宣布OZ即将上市，这是为了让该集团有更大的发展空间，同时保证基金经理和投资者双方的利益。

对冲基金行业的利益分配机制一直饱受诟病，因为无论投资者赚钱还是赔钱，经理人的收益都是有保障的，根据体制他们总能拿到大量提成。经理人和投资的银行家都能收益不菲，而投资机构却可能会赔钱。

2007年，丹尼尔·奥克改变了原有体制，让合伙人和员工投入18亿美元自有资金，占总资金的7%。OZ计划融资20亿美元，这样合伙人和员工自己投入的资金占 14%。这样自己人就要承担风险了，由此平衡了基金经理和投资者的利益。

OZ 如期成功上市，在 PE 等领域，它发展成了一家多策略公司。2007 年，美国《商业周刊》做了一个对冲基金排行榜，OZ 的规模和增长率使它位列第八。

从 OZ 成立到 2009 年，15 年间，OZ 的旗舰基金 OZ Master Fund 连续获得同期标普 500 指数两倍的回报，波动率只有指数的 1/3，和指数相关性很低，奥克的连续回报投资理念收效显著。OZ——Och – Ziff 资本管理集团（Och – Ziff Capital Management Group），是唯一一家公开上市的对冲基金，拥有资产约 250 亿美元。

出色的个人能力和合理的职业规划，使奥克本人以 33 亿美元的身家位列 2010 年《福布斯》全球富豪榜第 287 位。这其中包括公司 2007 年的首次公开发行上市（IPO）和向迪拜主权财富基金出售股权时，给他带来的 11 亿美元的收益。

从员工到老板，创办 ESL 基金公司

爱德华·兰伯特曾在高盛工作过四年，他是一个富有开创精神的人，他十分了解自己在投资方面的能力。1988 年兰伯特从高盛辞职，计划开创自己的事业，当时他只有 25 岁。

辞职前，兰伯特已经找到了自己的投资人查德·瑞沃特。查德·瑞沃特是 Bass Family 的基金经理人，是兰伯特在一家新公司 Fort Worth 认识的。查德·瑞沃特出资 2800 万美元，两人利用这笔资金创办了 ESL 基金公司，他们自然也成了合伙人。

基金公司成立后，查德·瑞沃特和兰伯特有很多意见分歧，兰伯特有并购方面的丰富经验，他想多做并购交易，而查德·瑞沃特对股票买

卖更有兴趣。不一致的意见逐渐增多，导致了两人分家。查德·瑞沃特提走了在公司的资金，但其他股东并没有动，所以对 ESL 基金公司没有造成致命的影响。

兰伯特只能自立门户，当年他 27 岁，他始终坚持灵活地作出并购。兰伯特一直是长期持有股权的倡导者，他反对一味追求短期目标，他成名于 20 世纪 90 年代末，因为他先买入汽车部件零售商 Auto Zone 的股票，然后又买入汽车经销商 Auto Nation 的股票，购入后不久，Auto Zone 和 Auto Nation 股票持续上涨，兰伯特采用长期持有的计划，使这两个股票成为 ESL 基金公司的核心股。当时有专家称兰伯特这时所使用的战术将成为他未来交易的模型。

兰伯特于 2003 年收购了凯马特。正如他后来所说，他自立门户后十六七年才做成第一笔认购交易。收购后他着手改革，降低成本，清理库存，开展大规模的促销活动，把积压在库存里的货物卖出去。凯马特因此走出了困境，这让兰伯特在华尔街名声大震，他由此开始了自己的并购顶峰时代。

收购凯马特的成功让兰伯特对零售业充满了信心。他关注了一家名叫西尔斯的零售企业，并将其收购，他确信收购零售业公司是可以带来利益的，从各个角度来讲都是划算的。2004 年 6 月，70 多家凯马特商店被兰伯特出售，这个数量占商店总数的 5%，买家为西尔斯和家得宝（Home Depot），交易价格 9 亿多美元。凯马特的股票迅速攀升，兰伯特自己出资 8 亿美元购买的股份此时迅速上升到 40 亿美元左右。

2004 年万圣节，兰伯特在自己家里劝说西尔斯的首席执行官艾伦·兰斯将西尔斯卖给他。这时的西尔斯身处窘境，销售额下降、利润减少，裁员达 75000 人。艾伦·兰斯没有想到有人愿意接手这家公司，他当然想快点解脱。仅仅三个星期后，凯马特就以 120 亿美元的价格收购了西尔斯。

并购西尔斯后，兰伯特得以投资对冲基金中的一个项目。2005 年年初，西尔斯－罗巴克公司的战略会议召开。一年后，参与战略会议的很多高管——包括首席执行官、财务总监以及主要买家都离开了西尔斯，兰伯特全面掌控了西尔斯。西尔斯的股票价格上涨了 30%。从 2005 年开始，西尔斯控股公司的净现金流超过 35 亿美元，成为业内备受瞩目的一家公司。

离开高盛的兰伯特，将其能力充分发挥了出来，人生价值得以实现，他的职业规划无疑是成功的。

跟着市场走，就不会犯错

拥有丰富的市场知识和经验才能够准确把握市场，避免决策失误，抓住更多机会。在拥有众多业务和广泛市场的平台工作，会在潜移默化中获得丰富的市场知识，能够更好地把握市场脉搏，跟着市场走，不犯错。

把握经济整合趋势，纽交所成全球交易所

电子交易的"技术专家""明星主管"约翰·塞恩无疑有着敏锐的市场嗅觉和市场运作的能力。

纽约证券交易所收购群岛电子交易所后，约翰·塞恩在一次电话会议上表达了自己对市场的判断，他认为美国和全球经济将会有更好的整合，纽交所将有很多参与整合的机会。随后他制订了两个战略目标：第一，实现地缘多样化；第二，将纽约证交所引入金融衍生产品领域。

约翰·塞恩看好了两个并购目标，分别是伦敦证交所和位于大洋彼

岸的泛欧交易所。交易达成之前，他对两家交易所进行了调查，他发现这两个交易所是对未来市场帮助最大的并购对象。随后他进行了为期两周的谈判，最后成功收购了泛欧交易所。

当时纽交所的很多股东并不认同约翰·塞恩的想法，认为伦敦交易所更为合适，因为它品牌比较好，而且面向的也是英语市场，与纽交所文化吻合度高。而约翰·塞恩认为泛欧交易所拥有应付监管当局的丰富经验，监管对于跨越大西洋的兼并是个棘手的问题，而与泛欧交易所合作可以更加顺利。泛欧交易所有五个交易所，它正在以开放的姿态准备迎接第六个。

约翰·塞恩也从技术层面考虑过。泛欧交易所在 20 世纪 90 年代就开始使用电子交易系统了，而且后来引入了专业经纪商，与纽交所的场内交易员职责十分相似，其主要作用是保证小型股的流动性。这与纽交所的混合交易模式十分相似，双方很容易融合在一起。很多跨越大西洋的合并交易被技术问题难倒，曾经做过工程师的塞恩对此十分重视，而且有理性、准确的判断，也因此双方才能顺利实现合并。

2006 年 6 月 1 日，纽交所以 77.8 亿欧元与泛欧证交所达成合并协议。2007 年 3 月 27 日，纽交所发表声明，宣称买下了泛欧证交所 91.42% 的股份和 92.22% 的表决权，交易金额高达 110 亿美元。4 月 4 日，纽交所—泛欧证交所在巴黎开始首个交易日。

通过与泛欧交易所的合并，纽交所成了世界上第一个真正的全球性交易所，将美元和欧元两种货币联系起来，进行跨时区交易，其流动性在世界上堪称第一。约翰·塞恩用三年时间让纽交所充满了生机，美国媒体给了他非常高的评价，称赞他的改革"超过了纽约证券交易所之前 200 多年改革的总和"。

媒体还热衷于评价约翰·塞恩的个人品质，因此正直、才智和运作金融市场的能力成了他的标签，而他还乐于启发后来者，这让他更为人们所欣赏。

2007 年约翰·塞恩离开纽约证券交易所，去了美林公司，而在离开之前他提拔了同样有高盛背景的邓肯·尼德奥尔。邓肯·尼德奥尔有 22 年在高盛任职的经验，进入纽交所 8 个月后就成为纽约泛欧交易所的新任 CEO，他在那里再次创造了辉煌。

了解有利市场，打造证券交易"航母"

2007 年 4 月 9 日，来自高盛投资银行的邓肯·尼德奥尔加入纽约泛欧交易所集团，担任总裁兼联席首席运营官。

这位新总裁曾是高盛的重量级人物。1985 年邓肯·尼德奥尔加入高盛，1987 年进入证券部，后来又成为董事总经理、合伙人以及证券部联席负责人。他在高盛建立起了电子商务业务，在证券以及其他金融衍生品的交易方面都有丰富的经验。他在投资精英云集的地方飞速成长，把握市场的能力迅速提高。

在纽约泛欧交易所集团，他是纽约泛欧交易所集团管理委员会成员，负责美国现金股票业务的运营，包括对机构和会员公司客户的服务，以及对纽约证券交易所和纽交所高增长市场（NYSE Arca）的客户服务。

上任后，邓肯·尼德奥尔曾表示，在高盛集团和群岛交易所工作的经历，让他对快速发展的交易服务熟悉了起来。

初上任的邓肯·尼德奥尔就着手解决快速增长的电子交易系统与纽约证券交易所人工交易系统之间的冲突，方法是把流动性强的证券交易放在电子交易系统上进行，流动性一般的交易则由人工操作完成，这个电子交易和人工操作结合的模式被称为"Hybrid"的新模式。

邓肯·尼德奥尔对证券及其他衍生品交易的熟悉，以及在高盛时建立电子商务业务的经历，都为他在纽交所建立电子交易模式、提高交易效率、增加信息流通和引进股票交易业务积累了经验。

邓肯·尼德奥尔让纽约泛欧交易所集团在公司上市、现金股票、金融期权与期货、债券、金融衍生品和市场数据等方面处于世界领先地位，该集团在 5 个国家拥有 6 个现金股票交易市场，及 6 个金融衍生品交易市场，旗下控制的六大交易所的市值总资产已达到 285 亿美元。

2007 年 4 月 15 日，邓肯·尼德奥尔为了保持投资者对纽交所泛欧交易所集团的信心，在上任的第七天访问了中国。因为此时中国被称为经济快车，纽交所泛欧交易所集团需要搭上这辆快车。第一个在北京开设代表处的外国证券交易所就是纽约泛欧交易所集团，它在大中华地区的上市公司有 50 多家，中文网站也迅速建立了起来。

邓肯·尼德奥尔刚刚上任两个月，纽交所泛欧交易所集团的股价迅速下跌，他面临着巨大的挑战。他去会见欧洲的监管者，保证纽交所和泛欧交易所合并后的业务进展，对国内市场的竞争，他也丝毫不放松。

2009 年是金融危机爆发的第二年，这一年全球证券市场硝烟弥漫，纳斯达克杀进了欧洲市场，新兴的中东交易所也出手抢夺市场。邓肯·尼德奥尔心里清楚面前有多少对手，他准备打造一个全球证券交易航母，以实力在角逐中获胜。

2011 年 2 月 15 日，纽约泛欧交易所和德意志证券交易所宣布合并，双方达成了业务合并的协议。这样一来，上年的合并营业额达 54 亿美元，利润为 27 亿美元，当时预计 2011 年成交额将超过 20 万亿美元。合并后，原德意志交易所集团股东拥有新公司 60% 的股份，原纽约泛欧交易所集团股东拥有新公司 40% 的股份。

纽约泛欧交易所和德意志证券交易所的合并，为全球的尤其是亚洲的交易所创造了一个有足够吸引力的合作者。合并后的公司成了真正的证券交易航母，期望吸引更多的新兴企业，让他们顺利上市，再凭借投资和技术，在亚洲投资领域取得重要地位。

接手证券交易新航母，邓肯·尼德奥尔也感受到了任务的艰巨。但在高盛工作的 22 年让他有着专业上的自信，他的敏锐市场嗅觉、独特的经营方法以及擅长开拓新领域的精神让他总能指挥若定。就像邓肯·尼德奥尔在评价自己的高盛生涯时所说的那样："一旦遇到新领域的机会，我总是冒着职业的风险去尝试。这不符合常人的思路，但在我看来，这就是我前进的方向。"

作为约翰·塞恩的继任者，邓肯·尼德奥尔和约翰·塞恩一样有着非凡的能力，他用自己的经验与天分为纽约泛欧交易所开拓了更广阔的市场。

挖掘团队力量， 才能活得更久

与人合作，与和自己一样优秀甚至比自己还优秀的人合作，是成功者必须具备的能力。从 20 世纪 70 年代末到 80 年代初掌舵高盛的约翰·怀特黑德，曾一再重申高盛的团队精神："在高盛只有'我们'，没有'我'。"这是高盛企业文化中的一部分，领会这种精神的人一生受益，很多人因为具备这样的素质成功打造了自己的企业王国。

打造铁板团队，公司成零售巨头

ESL 的创始人兰伯特就十分重视团队精神，这种精神也是西尔斯从亏损走向盈利的原因所在。

在兰伯特计划收购西尔斯之际，他的对冲基金在西尔斯的股份达到近 15%。出售凯马特 5% 的店铺时，兰伯特意识到西尔斯的管理层出现了问题。管理人员各有阵地，很难团结起来。他深知，在零售行业这会出现严重的后果。兰伯特知道这已经成为西尔斯的危机，必须加以解决，他决心让团队变成一个团结的整体。

掌管西尔斯后，他立即去请教西尔斯的原首席执行官亚瑟·马丁内兹，问他应该如何进行改革。在20世纪90年代后期，西尔斯曾经有过短暂的繁荣，那时候马丁内兹正在管理公司。马丁内兹是西尔斯的一位改革者，他减少开支、实行新的财务制度，改善西尔斯的服务，吸引女性消费者，曾让公司及股票重获生机。

兰伯特和马丁内兹在一个冬日会面，这是他们第一次见面。马丁内兹给兰伯特的建议是迅速扫除那些思想顽固的人，他说那是解决西尔斯问题的最好方法。他们进行了深入的交谈，兰伯特知道了公司问题的本质。他没有完全按照马丁内兹的方法进行改革，而是将大部分员工换掉了，甚至辞掉了首席执行官兰斯，聘用了51岁的埃尔文·刘易斯。刘易斯以前在餐饮行业，是百胜餐饮集团（YUM Brands）的前董事长，百盛餐饮集团旗下有必胜客（Pizza Hut）、塔可钟（Taco Bell）和肯德基（KFC）。来到西尔斯，刘易斯属于初涉零售业，但兰伯特十分赏识他的经营能力，相信他能管理好公司。

随后，一个技术领域的朋友帮兰伯特物色了一个行销主管，这个新行销主管是在IBM工作了30年的老员工莫林·麦克盖，这个介绍者也是引导兰伯特入股IBM的人。麦克盖在刚知道兰伯特的意图时很惊讶，他在ESL兰伯特的办公室里问兰伯特为什么要聘用他这种对零售业一窍不通的人。兰伯特说，他就需要这样的人，那样的人能有不一样的想法，不会被固有的观念束缚住。

通过大换血，西尔斯公司有了新面貌，公司员工齐心协力，业绩飞速上涨。新成立的西尔斯控股公司排在沃尔玛和家庭用品公司之后，位列美国零售业的第三位，总收入达550亿美元。兰伯特曾公开表示想将西尔斯控股公司重塑成全方位集聚优点的一家公司。

从 1988 年兰伯特创立私人投资基金 ESL 投资基金公司，到 2004 年，其平均投资回报率每年达 29%，这一数字让人惊叹。华尔街著名金融投资顾问劳伦斯·提希克说兰伯特为最杰出的投资经理人之一，也有人说西尔斯控股公司将是第二个伯克希尔 – 哈撒韦。

相信 1 + 1 > 2，花旗从低谷走向高峰

罗伯特·鲁宾十分重视团队精神，他相信只有合作才能实现目标。他说过，两个人合作的力量远远大于两个人单干加起来的力量。正是这种团队精神让花旗银行从低谷走出来。

罗伯特·鲁宾 1938 年 8 月 29 日出生于纽约市。他是哈佛大学的毕业生，1960 年取得经济学学士学位，后来在伦敦政治经济学院继续学业，1964 年在耶鲁法学院取得了法律学士学位。

鲁宾开始时想在法律界发展，所以在纽约市的佳利律师事务所（Cleary Gottlieb Steen & Hamilton）工作了两年。1969 年，因为一次偶然的机会，他进入了高盛公司担任套汇交易员，或许是他对财富的兴趣带来了这次机遇，他在高盛可谓顺风顺水。2007 年，进入公司 8 年后的他成了花旗的掌门人，虽是临危受命，但眼前已经摆着能够发挥能力的空间，花旗银行面临的危机正等着他去化解。

高盛的职业生涯让鲁宾体会到了团队精神的巨大作用。高盛是一个典型的重视团队精神的公司，他在那里也得到了合伙人的指导，那使他深深懂得，要想在公司升职，必须学会和同事合作，重视同事的观点，给予同事尊重。因此他改掉了做事冲动、说话直接、暴躁无礼的个性，他甚至一生遵守这些原则，在任何环境中都能与人友好相处。这种对团队十分重视的态度，使他后来遇到问题的时候总能得到好的建议。

在高盛时，鲁宾跟史蒂芬·弗里德曼的合作就堪称佳话。二人都是联席主席，他们从始至终合作得都十分默契，这让很多人感到惊讶。1999 年，鲁宾和美联储主席艾伦·格林斯潘和哈佛学者拉里·萨默斯三人每周共进早餐一次，讨论如何应对亚洲金融危机，他再次与他们友好合作。这种场面被《时代》杂志拍了下来，被放在封面上，标题是："拯救世界的委员会"。这个封面他非常喜爱，让人裱起来，挂在办公室的墙上。在鲁宾心里友好的合作本身就是一种成功。

1999 年，鲁宾成了花旗的一员，在此之前，他是花旗银行的董事长兼首席执行官查克·普林斯的顾问，一直关注花旗的战略决策。他加入花旗后，也将团队精神带到了那里。

在花旗，鲁宾做的主要工作是以身居高位的身份偶尔拜访重要客户，还负责在公司内部的运筹帷幄。作为花旗的咨询顾问，无论称谓是什么，他都是公司的首席执行官、高管和其他管理者的"军师"，同时他也要出席一些公司会议。

他在团队中是"值得信赖的顾问"，他让团队精神突显了出来。鲁宾有让身边的人感到合作十分愉快的魔力，人们在他的带领下愿意与人合作，也愿意和他本人讨论问题，团队的凝聚力因此增强了。人们喜欢问他："我们应该推出这个新产品吗？是否还有更好的方法来完成这项工作？"

花旗公司采用了鲁宾的管理方案，每周举行业务负责人联席会议。例会制度成了公司管理的重要部分，重视例会上内容的交流也成了现在花旗公司所有员工最为重视的一项工作。

2001 年，花旗公司收购了墨西哥的大型金融公司，墨西哥国家银行（Banamex），现在这家公司已经成为花旗公司的重要利润来源。鲁宾在与高盛公司的一次沟通中得知有机会收购墨西哥国家银行，所以帮助花旗银行的董事长桑迪·维尔完成了收购。桑迪·维尔说过，那次收购主要是鲁宾的功劳。

从企业高管到政府高官，再到企业高管，鲁宾善于合作的作风，让他在任何一个环境里都大受欢迎，并极富说服力。

高盛的团队是基于合作与追求精英文化的团队，他们都是凭借真本事取得成就的，而不是因为谁有背景，谁更有手段。1＋1＞2，与同事有效合作，这是高盛员工身上的重要标志。而鲁宾将这一素质明显地展示了出来。

鲁宾在进入花旗时，提出了获得高额报酬的条件。他与花旗银行签署了一份给他优厚待遇的三年期合同（此后两次续签，每次为一年）。合同规定，鲁宾每年的工资和奖金收入不少于 1500 万美元，公司还为他提供股票期权以及可供他私人使用的飞机。2002 年，鲁宾的实际年收入比 1500 万美元高出了近 100 万美元。而当时他手中的股票期权的总值则达到了 460 万美元。其中一些股票期权奖励给他时，花旗公司的股价还是 30 多美元，几年后，股价已经升至 45 美元左右。但鲁宾为了维护团队合作，从未兑现过任何股票期权。他的合作精神就这样真实地给他带来了巨额财富。

把鸡蛋放很多篮子， 都孵出小鸡

实力雄厚的投资银行往往将业务定位为综合性、全球性业务，业务非常全面，而业务少的投资公司往往会走了下坡路，甚至被淘汰。高盛就是一个全面发展的公司，它曾凭此优势一次次从经济衰退与危机中走出来。曾经在这家公司供职的精英们也深谙此道，他们相信企业要长足发展就要全方位地开展业务，多条腿走路。

纽交所降低上市门槛，吸引众多行业公司

邓肯·尼德奥尔是从高盛走出的精英之一，他对综合业务的认识也是十分清晰的。在接管纽交所—泛欧证交所后，他马上制订了全球综合发展的战略。

在互联网革命之前的 20 世纪末，纽交所是全球优质公司的首选上市之地，全世界大量最好的公司在那里上市，除了微软和英特尔。然而这种佳绩让纽交所过于自信，导致后来互联网经济繁荣时措手不及。谷歌等高科技企业没有选择纽交所，而是在纳斯达克上市，这种高科技企业市值连年翻番。以传统企业为主要客户的纽交所，因为其客户成长性有限而失去了当年的繁荣景象。

邓肯·尼德奥尔看到了纽交所当时的问题所在，开始以极为开放的姿态拓展业务，争取优质上市资源，开放性地吸引高成长性企业成为其行动导向。

2008 年开始的金融危机让欧美经济走了下坡路，而亚洲等新兴市场相对稳定，亚洲的优质上市资源成了资本企业竞争的焦点，纽交所早已为此作好了准备。2009 年，纽交所将第五套上市标准推了出来，作为吸引高成长型企业的条件。这套标准与之前的上市标准的区别是，降低了上市公司的最低市值，1.5 亿美元市值的公司就可以上市，融资的标准也下降至 6000 万美元。这是纽交所的一次巨大转变，以前它给人的印象就是上市市值高，在 2009 年一下变成了很容易走进去的交易所。

2009 年，港交所 IPO 融资金额达 3869 亿港元，成为新一届的冠军，是第一个超越纽交所的交易所。全球交易所将主战场转移到了亚洲，欧洲的德意志交易所和伦敦交易所都在北京设立了办事处，它们都想占有一定比例的中国市场。早就开始开放行动的纽交所将目光投向了俄罗斯

市场，因为那里即将有大批企业上市。

2010 年是中国互联网企业的繁荣年，多家互联网公司在纽交所上市，如同 21 世纪初大量中国互联网企业扎堆在纳斯达克上市一样，这次又有大量企业在纽交所上市，纽交所找回了当年的风光。2010 年 9 月和 11 月，房产垂直门户搜房网与汽车门户网站易车网先后在纽交所成功 IPO。2010 年 12 月 8 日一天之内，优酷网和当当网都在纽交所上市，新兴互联网企业迅速成为华尔街谈论的热点。在 2010 年共有 22 家中国企业在纽交所上市，这是历史上中国公司在纽交所上市数量最多的一年。

经历了七年的坎坷与挣扎后，在邓肯·尼德奥尔的带领下，纽交所再次拥有了生命力，不断拓展业务，曾经的巨无霸企业再现了当年风范。

业务多样化，展现产品作品优势

张欣的国际化运作不仅体现在吸引投资上，也体现在建筑设计国际化上，她的几个作品深得业内赞赏。她在建筑设计上同时追求艺术和时尚，而且多个项目同时进行，这也是 SOHO 中国在泛地产领域奠定重要地位的原因。

SOHO 现代城的成功让张欣信心倍增，她把 SOHO 中国定位为有艺术趣味的建筑，所以才有了后来的很多作品和产品。"SOHO 公社"就是其中一个，这个项目也把张欣在建筑艺术方面的灵感激发了出来。

1997 年，SOHO 现代城开始动工，张欣和潘石屹想在郊区建一个家。建筑师张永和被邀请为他们设计别墅。落成的别墅震撼了张欣的心灵，钢柱、石墙、大窗户以及充足的阳光都让张欣感到温馨、美好，夫妻俩将别墅命名为"山语间"。

张欣不仅有了这个"家"，还有了对建筑设计的感情，通过与张永和的合作，她觉得自己也可以做设计。她思考美国的 SOHO 为什么受欢迎，得出的结论是，周围有博物馆、PRADA 店、饺子馆、热狗摊，自然的事物是最有吸引力的。她因此相信，企业想做长久就不能只做一种业务，虽然 SOHO 住宅在市场上还大受欢迎，她也打算开展多样性业务，为未来的发展作准备。

2000 年，潘石屹买下一块长城附近的地。看到这块地时张欣想到了雄伟的长城，也想起了自己的"山语间"，她想把长城与"山语间"结合在一起，在长城脚下做一百个"山语间"。

别墅项目在 SOHO 中国开展了起来。他们请了 12 位亚洲青年建筑师作设计，42 栋风格前卫的别墅和一栋俱乐部后来落成，取名为"长城脚下的公社"。这个项目将中国的长城和现代建筑结合了起来，从公社的任何一栋别墅里都能从各种角度眺望长城，长城成为居住者生活的一部分。

"长城脚下的公社"有很强的艺术性，别墅的门口有红卫兵打扮的人站岗。一份名叫 Departure 的旅游刊物曾形象地描述"长城脚下的公社"："门口守着一个身着黑色制服、戴着红五星的门卫，这个形象会让你愣一下：他的外表会让你想起'文革'时候的红卫兵，然后你发现，即使他是红卫兵，那也是阿玛尼式的——长城脚下的公社绝不属于劳动人民，而是代表着中国的有钱阶层终于开始用风格代替了媚俗。"

2002 年 5 月，张欣在威尼斯双年展上被授予"个人建筑艺术推动奖"。这个奖项极有分量，意味着她已经在建筑领域有了不容小视的地位。如今提起"长城脚下的公社"，谁都知道那是张欣的得意之作。

张欣凭借一直以来的学习能力和很高的天分成功地完成了很多项目。她会先用心灵找感觉，然后在全球范围内寻找最优秀的设计师，让他们把自己的想法表现出来，把那些灵感变成实实在在的建筑。张欣曾坦率地说自己本来对建筑丝毫不懂，成功源于 150% 的努力。

　　她一旦决定要做好一件事，就会十分努力地投入进去。所以开始做项目时，她无论看书、看杂志、旅行还是出差，都会看有关建筑的内容，她说她要做到别人一讲，她就能知道对方在说什么。她不仅做到了这一点，还自己设计了集艺术性与实用性于一体的建筑作品，所以她现在能做出一百个"山语间"，未来还会有一千个，甚至更多的不一样的"山语间"。

遨游国际大海，　熟悉大运作

　　在国际金融行业，领先的投资银行和证券公司，大多数为全球提供投资、咨询和金融服务，他们的客户数量巨大，其中有私营公司、金融企业，也有政府机构和个人。公司的员工有着丰富的地区市场知识和国际运作能力，所以就职其中的大腕们都是国际运作的专家。

民企 SOHO 上市，资金与机会俱来

　　SOHO 中国的 CEO 张欣就是一位善于国际运作的中国富豪。有着高盛工作经验的张欣一直认为，房地产是一个资本密集型行业，SOHO 想有更大的发展，就离不开资本运作和金融操作，所以她打算吸引战略投资，然后上市，引进国外基金。

　　作为民营企业，SOHO 中国要上市，面临的困难很多。张欣的态度是，一定要解决这些难题。在张欣的操作下，2002 年 SOHO 中国开始运作上市，但因市场环境不佳上市失败了。张欣继续努力，她想尽快找到问题，解决问题。因为土地储备少，张欣让 SOHO 中国推出"品牌房

地产经营商" 的理念， 这来自瑞银投资银行中国区负责人蔡洪平的建议。

凭借在高盛的经验， 张欣知道公司要上市， 需要强大的机构担保， 她邀请瑞银加入。 随后， 高盛和汇丰为 SOHO 中国做联席保荐人， 瑞银作联席牵头经办人。 2007 年 10 月 8 日， 经过 9 个月的努力， 在这一天， SOHO 中国在香港联交所主板上市， 集资 128.6 亿港元， 以收盘价 9.55 港元计算， 两人所持股份的市值达 317.45 亿港元。 潘石屹的职位是董事会主席， 张欣是执行董事兼行政总裁。

张欣迎来了那个完美的时刻， 她做到了用 9 个月让 SOHO 中国上市， 让它在市场上处于有利位置。

国际化运作给 SOHO 中国带来的是财富和机会。 有资金就可以大展拳脚了。 2007 年 11 月， SOHO 中国以 24.4 亿元收购华远房地产的两个项目， 项目名字分别为 "光华路 SOHO 2" 和 "SOHO 北京公馆"。 在此之后， SOHO 中国收购了很多核心地段的项目， 它的潜力已被所有业内人士看到。

2008 年， 房地产业受到冲击， 3 月 20 日恒大 IPO 叫停， 其他很多房地产公司的财务状况也非常不好。 此时的 SOHO 中国却状态良好， 资金充裕， 还在不断扩展业务， 为更多财富的到来作准备。

2008 年， SOHO 中国先后以 22 亿元出价同时承担 33 亿元债务， 收购了位于北京东二环内的商业综合项目 "凯恒中心"， 更名为 "朝阳门 SOHO"； 又以 8.9 亿元收购了中冶新奥正诚房地产开发公司持有的金和国际大厦， 后来重新命名为 "中关村 SOHO"。

SOHO 中国的资产总值不断增加， 2008 年 9 月张欣荣登《福布斯》公布的 2008 年 "全球 100 位最有影响力女性榜"。

2009 年， 因为受经济危机影响， SOHO 中国的股价下跌 80%。 幸运的是， 房地产的寒冬很快就过去了， 好的机会很快就回来了。 金融危机后，SOHO 中国更加加快了融资的脚步，2009 年，SOHO 中国获得中国银行北京分行 100 亿元人民币的授信，随后公布了发行 28 亿港元可换股债券的计划，后来又与招商银行北京分行签署战略合作协议，获得招商银行提供的 100 亿元的综合授信额度。曾有人估计，算上上市募集的资金，SOHO 中国可以调动 300 多亿元的资金。

SOHO 中国扩展业务的速度也随之加快了，2009 年 5 月 17 日，SOHO 中国正式对外公布通过潘石屹控股的北京丹石公司，以每平方米 3.23 万元的价格收购 5.47 万平方米的前门商业物业，收购总价预计达到 17.7 亿元。这个北京中心的项目受到业内外人士的一起关注。

张欣将中国房地产市场向前推进了一步，她用自己的远见卓识让房地产的未来时代提前来到，也因此让人们看到了她的能力。她获得了财富，也实现了人生目标。对财富，张欣是坦荡的，她说"财富今天在你这儿，明天可以到别人那里去。在的时候不要太欢喜，去的时候也不要太忧伤"。也许正因为如此的心胸豁达，她才会在各项资本运作中那样成熟自如。

注重国际化运作，OZ 扭亏为盈

作为 OZ 公司的掌管者，丹尼尔·奥克坚持走国际化路线，他知道对冲基金不能只在华尔街运作，走出去才会有更大的空间。

作为全球多策略对冲基金，丹尼尔·奥克管理的 OZ Master Fund 还包括股票长短仓策略、不良资产投资、可转债套利、事件驱动套利，也就是在一个并购交易中，将收购方的股票作空，把被收购方的股票作多，这样两面都能获利。

2008 年金融危机时，OZ 依然允许客户赎回对冲基金，这在华尔街的对冲基金中极为少见。丹尼尔·奥克也因为基金管理资产缩水 80 亿美元，在当年损失了 16%。

2009 年 1 月到 3 月，基金的现金比例达到 30%，丹尼尔·奥克获得了抄底的机会。银行和金融机构出售了大量资产，实体经济的发展不良带来了很多不良资产，丹尼尔·奥克从冻结基金那里购买了可转债和杠杆贷款，还以低价购入了商业按揭和住宅按揭，用来抵押证券。2009年，他就因投资不良证券几乎赚回了所损失的资产，在一年中取得23% 的回报率。

丹尼尔·奥克将私募股权投资作为新的发展方向，将英国并购公司 CVC Capital Partners 的安东尼·弗贝尔请进公司帮忙，将国际化运作进行到底。到 2010 年时，OZ 已经在私募股权领域投入了 20 亿美元。

奥克喜欢私募股权和对冲基金交叉点的交易，他认为那是他们做过的最好的交易。他曾说过，有一次，他的基金与巴菲特同时投资一个人寿保险公司，投资的条件是相同的。与需要董事局席位的私募股权基金公司不同，OZ 只需要一个能够声明它享有和其他大型投资者一样权力的法律文件，所以少数优质的项目被大量资金关注时，对冲基金更有优势，因为它能更加快速和灵活地实现投资。

丹尼尔·奥克正是凭借其国际化的眼光和国际资本运作能力从危机中走出来，并不断取得新的成就。

危机来了，化解并利用它

在金融行业中，优秀的投资人都有冷静思考、管理风险和处理危机的能力，这是他们的工作必备素质。要出色地完成一个项目，就要收集大量信息，评估风险、规避风险，为结果负责。这种预测危机和处理危机的能力成为很多人一生事业的基石。

理性选择，实现损失最小化

约翰·塞恩就以善于风险管理著称，他的外号是"华尔街救火队长"，他曾是高盛的高管，在高盛已经很权威，离开高盛后拯救了纽交所。

2007年，约翰·塞恩来到美林控股，利用风险管理能力将美林从次贷危机中解救了出来。

2007年10月，美林的高风险资产亏损，公司被迫减少的资产账面价值达80亿美元。当时的CEO辞职，董事会急需一位新的CEO。相当于美林董事会领袖的阿尔伯特·克里波尔首先想到了塞恩，因为塞恩是著名的处理危机的高手，人称"搞定先生"。2007年11月，塞恩成了美林的第12任CEO。

美林在亚洲和中东清除了问题资产，将大笔股权资产出售。然而，还是因为数百亿美元风险高、流动不畅的资产的存在，负债表上数字惊人。2008年，美林财务报告显示，第二季度净损失高达47亿美元，塞恩的措施在当时看来并没有解决大问题。

美林主席格雷戈里·菲林明希望能够快速解决问题，他让塞恩和美国银行CEO肯尼思·刘易斯联系，将美林出售给美国银行，因为他们不想成为第二个雷曼兄弟。塞恩也深知将美林出售是拯救美林最好的选择，在他与刘易斯做了很好的沟通后，刘易斯决定收购它。

刘易斯是收购的高手，一向善于收购比美国银行规模还大的机构，当时刚收购了美国最大的抵押贷款机构Countrywide Financial Corporation不久。在双方在收购上达成一定默契后，塞恩还是决定为美林寻找退路，那样，即使美国银行放手，美林还是能找到买家。塞恩看好了摩根士丹利，他认为美林和摩根士丹利这两个华尔街老品牌可以结合在一

起，只是后来讨论没有取得进展。与此同时，塞恩也寻找了欧洲和美国
的一些商业银行进行谈判。

2008 年 9 月，塞恩和美国银行的详细谈判开始了，塞恩只想出售
一部分股权给美国银行，但美国银行的意愿是收购整个公司。在不到
48 小时的时间里，塞恩就争取到了理想的价格。2008 年 9 月 15 日，美
国银行以每股 29 美元的价格正式收购美林，总交易值为 500 亿美元。
美林请塞恩加入，本是想让塞恩使美林恢复当年状态，无奈美林大势已
去，出售成了最佳方案。而华尔街上的同行还是认为美林能及时找到收
购者是幸运的，因为它以一个合理的价格保全了性命。

虽然美林没能重现当年的辉煌，但塞恩让美林避免了更大的损失。
很多人还是将塞恩视为美林的救命恩人，他曾收到数以千计的电子邮
件，人们在信中说感谢他拯救了公司。

擅长风险管理，让花旗重现活力

花旗银行聘用罗伯特·鲁宾，也是因为看好了他善于处理危机的能
力，希望他能让花旗银行渡过难关。

在高盛，鲁宾积累了丰富的风险管理知识，他当时负责的是类似于
扑克牌游戏的被称为"套汇交易"的业务。鲁宾十分擅长这项工作，
在高压情况下，他依然十分冷静，他会把细节记在便签纸上，并深入分
析问题，预测未来的机遇。因为鲁宾的出色表现，1977 年，《财富》杂
志将其列入华尔街套汇交易"四骑士"。

在花旗，鲁宾主要进行风险评估，在经济崩溃前要作出警报，想办
法让公司免遭厄运。他能胜任这项工作的能力就来自高盛，他说过，在
高盛 26 年的职业生涯成为他很多品的根源，其技能也一样源自高盛。
在高盛时，他就十分擅长处理危机，1987 年，高盛因为公司合伙人兼

套汇经纪人罗伯特·弗里曼从事内幕交易陷入丑闻，罗伯特·弗里曼因为内幕交易被判入狱四个月。公司名誉急需挽回，和别人一起担任首席运营官的鲁宾采取了不容有缺陷的政策，避免出现了大闪失。

这种政策的主要思路就是发挥每个人的主观能动性，做管理的、做生产的，以及负责其他业务的人都要尽量做到完美，将产品和业务的缺点降低到最少，提高标准，努力做到零缺点。虽然这给员工带来了巨大的压力，但这种风险管理法，将风险降到了最低，公司业绩没有受到丑闻的影响，开始有了平稳的发展。

2007 年受次贷危机影响，花旗银行第三季度的业绩大幅下滑、股价连续下跌直接导致普林斯引咎辞职。花旗银行集团执行委员会主席罗伯特·鲁宾接任董事长。

2007 年，鲁宾临危受命，成为花旗董事长。然而，花旗银行在 2007 年第三季度的盈利，比 2006 年下降了 57%，2008 年 7 月至 9 月，花旗银行的盈利为 23.8 亿美元，又比 2007 年同期低了 31.3 亿美元。投资者自然因为花旗业绩的下滑大失信心，银行的信用等级同时也降低了，股价随之下跌。鲁宾急于改变花旗的状况，在 2008 年 11 月动用了自己的人脉资源，找到美国财政部长保尔森，从而为花旗引进 450 亿美元的政府投资，花旗因此渡过危机，重新有了活力。

鲁宾无疑拯救了花旗，然而他内心也有些许伤感，于 2009 年 1 月辞职，将董事长之位交给了潘迪特。他觉得自己年事已高，花旗还会面临诸多挑战，所以决定将职位交出，让新人继续战斗。

这个华尔街传奇人物决定退出华尔街，然而他近乎完美的形象还是留在了人们心中：说话字句有思量、严谨准确，举止优雅，行为低调而又有着专业的投资银行家的沉稳、深沉和风度。这个最富"说服力"的人物掀起无数风云后，自己却默默地走开了。

第2堂 机会课：
做别人不会做、 不敢做的

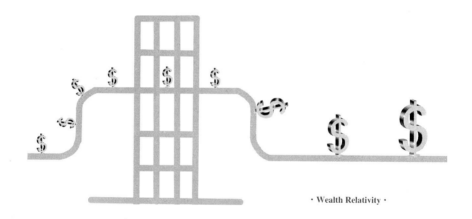

· Wealth Relativity ·

　　成为富豪，最重要的是学分、奖学金、学历吗？那些顶级富豪告诉我们，导师告诉我们的可以忘记，机会才是最重要的。比别人先看到机会，抓住稍纵即逝的机会，去大胆行动，你就可能成功获得财富。

在《福布斯》前 400 名美国富豪中，有近 15% 的人没有完成大学学业，而在发现机会不容错过时积极投身于创业。其中最具代表性的就是微软前总裁盖茨、苹果 CEO 乔布斯、Facebook 创始人兼 CEO 扎克伯格、戴尔董事长兼 CEO 戴尔、甲骨文总裁兼 CEO 埃里森以及雅虎的创始人之一杨致远、谷歌的创始人布林和佩奇。他们用亲身经历证明，取得商业成功，最重要的是机会，只有利用自己的核心优势，抢先出手，才会成功。

看到机会，抢先出手

就像一个苹果偶然间落到牛顿的头上砸出了牛顿的智慧一样，个人电脑的出现以及互联网大潮的推进，"砸"出了一批退学创业的宠儿。比尔·盖茨和扎克伯格就是因为发现了稍纵即逝的商机才选择退学创业的。他们的成功证明了时机的重要性，也证明了成功需要把自己的技术和智慧应用于实践。

怕计算机行业先机被抢，退学创业

1969 年，比尔·盖茨在西雅图湖滨中学读书时就开始沉迷于电脑。西雅图湖滨中学是美国最早开设电脑课程的学校。那时还没有 PC 机，学校弄到了一台终端机，还是用公益资金购买的。这个终端机总要有连接的地方，于是连上了其他单位的小型电子计算机 PDP - 10，使用费用很高，而且每天不能用太长时间。

比尔·盖茨看到了新东西，兴奋得不行，在一段时间里经常去操作那台终端机，有时候连吃饭睡觉都忘了。比尔·盖茨 13 岁时，正好是美国宇航员阿姆斯特朗和奥尔德林乘登月舱，代表人类第一次踏上月球的日子。盖茨也很想登上月球，他知道坐飞船去的可能性不大，所以决定用电脑来实现自己的登月梦想。于是，他编出了第一个电脑程序——玩月球软着陆的游戏，这个程序完全是他独立完成的。

可是好景不长，只过了半年，湖滨中学就再也没有能力支付昂贵的 PDP - 10 小型计算机的使用租金了。不能与电脑相伴的日子，比尔·盖茨像失去了生命中最重要的东西一样痛苦，他对电脑已经极度痴迷了。

为了能够再一次接触电脑，比尔·盖茨和他的同学四处奔走。功夫不负有心人，他们终于找到一个机会，一家名为 CCC 的电脑公司看中了他们在电脑方面的能力，就聘请了盖茨和他的同学帮助公司抓臭虫，因此，盖茨和他的同学除虫的报酬就是可以操作电脑，他们再次与电脑亲密接触了。

所谓臭虫，就是软件中的错误的代名词，电脑行业的人都这么称呼这种代名词，也就是英文的 Bug。臭虫一出现，电脑就会出错或者死机，甚至引来天大的麻烦。美国发往金星的水手号火箭和法国的阿利亚娜火箭，就曾因为电脑软件的故障，也就是出现了臭虫而发射失败，损失了几亿美元。所以电脑有臭虫必须要除掉。

公司的人下班时间是盖茨他们的上班时间，每天晚上六点，盖茨和同学兴高采烈地骑着自行车去 CCC 公司上班。在除"臭虫"的过程中，盖茨接触到很多电传打字终端机，也接触了很多电脑软件，从而可以去研究它们。在除虫的过程中，盖茨在实践中去研究和分析硬件和软件，这是从书本中学不到的东西，因此他的知识和技能得到了积累和提高，为其后来创业打下了基础。

盖茨初次显示他的编程能力是在上中学的时候。1971 年，盖茨就读于湖滨中学，因为学生多、课程多，课程的安排成了一个麻烦事，人工排课表经常不能平均化，常常使某些课的学生太多、拥挤。于是，学校想找人做一个排课表的电脑软件，盖茨被选为设计者，他利用自己的电脑知识和技能，成功地设计了这个软件，学校的课程安排合理了，有些课学生不过于集中了，这也使盖茨在学校声名远播。

1973 年，比尔·盖茨就读于哈佛大学。后来，比尔·盖茨和朋友保罗·艾伦敏感地意识到，计算机的发展实在是太快了，他知道，等到他大学毕业，很多电脑行业的先机都会被别人抢走，所以他决定要抓住当时的大好时光，当时正在读大三的他决定退学去创业。他们相信，在未来，计算机将成为人们办公和家用的有力工具，带着这种自信，他们勇敢而果断地投身到这个行业中。

不久后，盖茨和艾伦这对好兄弟去了墨西哥州阿尔布奇市，阿尔它公司就在那里，他们在那里创立了微软，当时盖茨 19 岁。1977 年，个人电脑行业中比较有名的企业有苹果、康懋达和 Radio Shack，微软所做的是给很多 PC 机提供 BASIC，当时最重要的软件程序就是 BASIC。

盖茨后来说过，在微软刚开始创业的三年里，公司里的专业人员忙于提高技术，而他主要做的是关注销售和财务，并致力于制订营销计划。每当 BASIC 被一家公司接受，他都十分开心，也由此增强了创业的信心。微软当时采取的措施是低价格、大数量，这种促销手段十分有效，当时的电脑制造商大都使用微软授权的软件，而微软的 BASIC 也成了计算机行业中软件的标杆。

1979 年，微软公司迁往西雅图，公司名称由"Micro - soft "变为"Microsoft"。当时盖茨和保罗都精力十足，他们因为热爱计算机和这项事业，甚至从不知道疲惫，他们每天没日没夜地写程序，即使办公室仅仅是租来的汽车旅馆，那里很乱、很吵，但这些都没有影响到他们的创业热情。编程时，饿了他们就随便吃点什么充饥，脑子累得不好用了就开车出去兜风或者去电影院看电影。他们的创业就这样持续着，他们辛苦并快乐着。

计算机神童成 Facebook 创始人

创办了 Facebook 的马克·扎克伯格有着和比尔·盖茨相似的经历，他们不仅是哈佛的校友，也都是著名的传奇富豪，所以马克·扎克伯格被称为"盖茨第二"。

扎克伯格最初也是因为精通电脑编程，并预感到创业时机就在眼前，不能够再等，从哈佛大学计算机和心理学专业退学，走上了创业的道路，并最终成为全球历史上最年轻的创业成功的亿万富豪。

1984 年 5 月 14 日扎克伯格出生，他在美国纽约渐渐长大，父亲是一名牙医兼电脑迷，并且成为了扎克伯格的电脑启蒙老师。扎克伯格很小的时候就知道如何使用 BASIC 语言。扎克伯格对电脑如此感兴趣，以致沉浸于其中一发不可收拾，再加上他在电脑编程方面有极高的悟性，所以，说他天生就是一个程序员一点也不为过。谈到小时候编游戏程序的时候，扎克伯格还是兴趣盎然，激动不已。《纽约客》的作者瓦尔加斯评价扎克伯格，别的孩子还在玩游戏时，他已经在编写电脑游戏了。

扎克伯格 10 岁时有了一台电脑，他立即着了迷，用起来很快就得心应手。为了让扎克伯格懂得更多电脑的原理，他的父母也花了心思，在扎克伯格 11 岁时，给他请了一个家教，专门教他学计算机。很快家庭教师发现扎克伯格非常有电脑天赋，他的知识很难满足扎克伯格的需求，他说"有时候，我都很难跟得上他的进度"。扎克伯格是个电脑神童，家教已经不能满足他的学习能力，所以，扎克伯格结束了家教的生活，改为去莫瑟尔学院，那个学校离他家不远，他每周四晚上去那儿学大学电脑课程。

很快，扎克伯格在电脑编程上显示出了过人的能力。1996 年，扎克伯格的父亲需要一套全新的设备，希望那个设备能提示有病人到了医院，这样就不用前台大喊着把医生叫出来了。扎克伯格随后编出了一套程序，他把这个程序叫做"Zuck Net"，这个程序的信息在家和诊所的电脑上都可以传输。如果单单能够设计出一个程序也不足为奇，扎克伯格之所以称为"电脑神童"，是因为后来的一个程序。扎克伯格编出"Zuck Net"一年后，"美国在线"推出了一个即时通信工具，这个通信工具的功能和扎克伯克的设计几乎一模一样，所以扎克伯格的计算机才能得到了真正的承认。

高中时，扎克伯格利用自己熟练的电脑编程技巧为学校的一款 MP3 编写了播放软件 Winamp。这个软件可以记录和分析每个听者的习惯，之后会将符合听者趣味的歌曲放入列表，极大地方便了听者对歌曲的选择，这让他的同学们感到十分惊奇，扎克伯格也因此成为校园里大家关注和讨论的人物。

2002 年秋天，扎克伯格考进哈佛，在哈佛，主修心理学的他仍然痴迷于电脑。和在高中时一样，他进学校不久就成了风云人物，当然还是因为他的计算机才能。他太擅长编写简单而实用的程序了，这不仅给他带来了乐趣与自信，更决定着他的人生道路。

大二的时候，扎克伯格接到了学校给他的任务，做一个"课程搭配"系统，也就是帮助学生在选课的时候通过参考其他同学选的课程形成自己的课程表。在这个系统上，点击一个课程就能看出谁选了这门课，点击一个同学的名字，也能看到他选了哪些课。他完成了这个任务，编写出了"Course Match"程序。

然而同学们却从这个程序上找到了新的用途，他们没有乖乖地用这个系统选课，而是通过这个系统知道美女同学们都选了什么课，自己也选择相同的课，然后去和美女搭讪。同学们的做法给了扎克伯格灵感，他觉得可以做一个交友的网站，让大家更容易认识自己感兴趣的同学。或许他没有发现，自己正在用计算机技术改变着世界。

美国的很多大学都有一种叫 Face book 的简单学生档案，也就是一个学生通讯录，上面有免冠照片，还有简单的介绍。当时哈佛大学没有这种通讯录。扎克伯格很想建立一个网络版的通讯录，但学校并不愿意提供信息给他。而技术高明的扎克伯格在某天夜里偷偷地打开了学校电脑的数据库，把里面的学生照片复制了下来。

在 2003 年 10 月，读大二的扎克伯格建立了一个名为 Face mash 的网站，程序是他和好友用 8 小时时间编写出来的。这个程序邀请同学对比两个同性同学的照片，比出一个人气高的，人气高的人会自动用来和其他人气高的人对比，就这样一直比下去，这种玩法让 Face mash 网站的名声很快传遍哈佛。不过这也给扎克伯格带来了麻烦。

学校里有一些学会提出了抗议，认为网站对比女同学照片是不尊重女性，说扎克伯格建立网站，是迎合 "哈佛最低俗的风气"。网站仅仅运行了一个月即被学校的计算机部门关闭，扎克伯格被学校严厉批评，他的事情还被写入哈佛大事记，他甚至被称为 "哈佛犯罪之子"。

扎克伯格并没有因此受到太大的打击，他继续着自己建立一个网络版 Facebook 的行动。2004 年 1 月，扎克伯格用 35 美元注册了 "The facebook.com" 网站，域名使用权为一年。网站继续了 "课程搭配" 与 Face mash 网站的思路，帮助哈佛人分享了更多信息，建立起了所有人的信息渠道，哈佛学生能更清楚学校里发生的事，也可以更方便地分享自己想分享的信息。

只用了两个星期，扎克伯格就在两个室友的帮助下建起了 Facebook

网站，2004 年 2 月，网站正式在哈佛推出。网站一出现就在哈佛大受欢迎，24 小时内就有 15000 名学生注册，而且很快哈佛校外的人也知道了这个网站。之后，有 300 多所高校的学生到 Facebook 网站上注册。出于有趣的心理建立起来的社交网站风靡起来，Facebook 的注册人数在 2004 年底突破了 100 万。

看到网站有这么好的发展趋势，19 岁的扎克伯格产生了退学专职经营网站的想法，他想像前辈比尔·盖茨那样，离开校园去开创自己的事业。而在扎克伯格退学这件事情上，比尔·盖茨确实有很大的作用。

2004 年，比尔·盖茨应邀回母校哈佛演讲，扎克伯格也去听了，当有人问当年退学创办微软，如果失败了怎么办时，比尔·盖茨说如果失败就回到哈佛。听到这个回答扎克伯格果断退学了，他去了加利福尼亚州的 Palo Alto 市，把那里当成自己校外事业的开始地。

机会可谓稍纵即逝，那些大胆的天才告诉了我们，及时出手去追求梦想，才有可能得到想要的一切。

技术创新，盯住做好

学习是一种能力，很多人的学习主要是自己完成的，而他们的自学能力成就了他们的事业。更多的创新是通过自己不断的思考和钻研完成的，那些善于自学的人更善于创新。

很多创业者因为缺乏自学能力，没有领先的技术为事业做基础，所创的事业缺乏支撑力，所以失败了。"硅谷"中崛起的很多公司就是靠领先的技术成功的。不信，你看看扎克伯格、乔布斯和埃里森的经历，技术创新正是他们的优势，他们充分发挥了自己的优势，走出了完美的人生之路。

天才技术，改变网络社交模式

在众多的社交网络中，为什么只有 Facebook 能够笑到了最后？原因在于扎克伯格通过自学创造了细致而实用的"社交图表"。Facebook 的图片运用曾经一度使这个企业更加受欢迎，因此图片功能的研发成功成了该企业的重要历史事件。推出图片功能也使扎克伯格对事业有了更清楚的认识并找到了明确的方向。

由于对互联网社交的深刻认识，扎克伯格坚持将 Facebook 打造成实名制的社交网络，并用和在学校推广一样的方法推广自己的网络，使其迅速得以扩张。Facebook 被广泛应用，使互联网社交与现实交往有了最近的距离，实名制成为保证网络交往安全的保障。Facebook 打破了在网上交流不知道对面的人是老人还是孩子的状况，开创了网络现实交往的先河，让人们可以放心地和网线对面的人沟通，就像在和自己的邻居说话。人与人之间的距离也由此变得越来越近了。

2004 年，Facebook 成了一个成长中的社交帝国，它已经不仅仅是一个"校园花名册"，因为它有了"留言板"，它为人们提供了更多实用的沟通方式。

2005 年 3 月又有了新的变化。在线图片储存网站 Flickr 被雅虎收购，在线图片储存业务形成潮流。Facebook 采用了一种创新的图片归类方式，与以前图片按照主题、地点、时间等内容分类不同的是，Facebook 采用的方式是通过相关人物搜索目标图片，被归类和标记的人会收到网站的提示信息，看到那些他们想看到的图片。扎克伯格及其团队的创新给用户带来了不曾有过的便利，同时让他们感到的是安全与实用。

Facebook 能比 Friendster 和 MySpace 更受用户欢迎，主要在于其更

好地处理了点和线的关系，它的"社交图表"就是由一个个的点和线组成的，点是一个个的人，线就是他们之间的关系。Facebook 将社会的真实和网络有效地结合了起来，使互联网成为社会交往的真正工具。

图片功能和独特的社交图表结合在一起，产生了更加神奇的效果。Facebook 通过人与人之间的关系将图片推送给相关的人，传播范围迅速扩大了，网站的人气因此迅速飙升，人们突然热衷于用这个网站作有趣的交流。到 2005 年 10 月，Facebook 的图片网页已经成了人们最喜欢使用的分享图片网页，而且 85% 的用户至少有一张图片被标记过，这 85% 的数量是在其开通一个月内完成的。

让没有直接关系的人遇到，是扎克伯格对 Facebook 图片功能进行了思考后，给 Facebook 的定位。社交图表就像一个分配系统，它通过人与人之间的关系将人们分配到不同的领域，从而再和相关的人产生更积极、更多的互动。最传统的交流方式在互联网上得到了复制，人们可以自由自在并有保障地在网上交流，人类的交流方式有了更大的飞跃，并因此有了更大的空间和更广阔的前景，甚至有了更有突破的发展轨迹。

扎克伯格后来集中精力做两件事情：一是保证客户身份的真实，编写出最接近社会交往的"社交图表"，其中包括"动态新闻功能"；二是将实用、有价值、对未来有积极作用的服务信息在 Facebook 上高效传播。为了这两个目标，Facebook 有在全美和全世界拓展业务以及开拓中国市场的计划。

没多久，Facebook"社交图表"的内涵也得到了扩展，"社交图表"里面不仅有人，还有和那些人有关系的物体、组织、项目以及观点等。那些东西体现了人们的个性，成了人们的一种标签。Facebook 的团队给自己作好了定位，"社交图表"不仅能建立人与人之间的关系，也能建立人与物之间的关系。物可以成为人们交流的纽带，那些东西代表了人们的兴趣，通过这种关系，那些有共同爱好的人就能够成为朋友，有更加深入的交往。

在扎克伯格的头脑中，"好友"和"非好友"这两个名词不能准确概括人与人之间的关系，而且他认为这两个词没有太多的人情味。所以Facebook 要用更加细致的设计真实体现人与人在现实生活中的关系，也可以体现人与人之间的层级，这样"社交图表"就会成为极为人性化的关系网。

21 世纪的第一个 10 年，谷歌的搜索满足了人们对大量信息的需求，它用数字代码开创了一个网络时代，而 Facebook 也可以被称为这个时代互联网行业的第二个巨变。

数学与逻辑学让谷歌在互联网行业如鱼得水，Facebook 则告诉了人们互联网上的交流是可以建立在心理学和社会学的基础上的；谷歌为热门提供了无以计数的信息，Facebook 则将现实社会关系挪到了网络上；谷歌所做的是关于信息的服务，而关于人本身的需求问题却未曾解决；而 Facebook 将目光放在了有着丰富情感需求的人身上，让人们的社交变得更加便利、丰富、个性化。

Facebook 和谷歌一样，切实地改变了人们的生活，"搜索"与"社交"将是互联网上信息传播最基本的两个内容。Facebook 和谷歌的出现与成长，将会改变很多行业的模式，包括传媒业、营销业、公关业、广告业等。与信息相关的行业将更加注重基于关系的信息传播，这种方式将最顺畅，Facebook 的诞生将使这些企业在未来改变一些运作模式，从而更加人性化地传播信息。

有创造性的扎克伯格和 Facebook 在网络世界掀起了一波大风大浪，谁能不相信拥有技术优势才能成功呢？

他让"烂苹果"变成"金苹果"

很多技术创新都是那些善于自学的天才完成的，乔布斯就是典型的一个，他让苹果起死回生，让一个"烂苹果"成为一个"金苹果"。

在 20 世界 80 年代，乔布斯被苹果公司辞退，这个高级技术人才的离开使苹果失去了技术创新的带头人，苹果的创新能力马上下滑，产品失去了原有的竞争力。也因此，苹果公司的股价大跌，从一个十分引人注目的企业变成了一家垂死挣扎的公司。

这个时候乔布斯已经有了自己的两个公司：Next 公司和 Pixar 公司，苹果公司意识到乔布斯就像公司的血液，离开了他公司无法正常运转下去，只有抓住乔布斯，苹果才有可能重现昨日的成绩。同样，乔布斯也是很不舍得离开苹果的，很多东西都是他一手创建的，回到苹果正是他的愿望。

1997 年 7 月，乔布斯回到了他最熟悉的苹果公司，在苹果最烂的时候，他决定用全部的精力去治疗这个苹果，让它恢复成之前的样子，甚至成为更加闪亮的苹果。乔布斯的做法总是让很多人震惊，他重回苹果后，甲骨文总裁拉里·埃里森成了苹果董事会的成员，微软向苹果投资 1.5 亿美元，并在未来 5 年内与苹果进行密切合作。随后，乔布斯对之前不合理的公司结构进行了大幅度的调整，一些没有起色的产品线被切除，积极发展有前景的产品线，并针对新产品组织了完整的促销活动等。经过这样的一番举措，苹果恢复了曾经的良好状态，再次在人们眼里闪出耀眼的光泽。

乔布斯善于创新的头脑让苹果公司的理念变成了"创新不止"，这一理念就是苹果称霸的窍门。经过全新改良的 iMac G3 在 1998 年 8 月走向市场后，苹果的股价从 8 美元左右上升到 30 美元，最后以 25.70

美元报收，苹果公司的收入不是用可观两个字可以概括的。苹果在种种创新中不断增强对消费者的吸引力，苹果音乐播放器（iPod）在 21 世纪初的诞生引领了一种新的欣赏音乐的方式，在网店购买和下载单曲成为听音乐的流行方式，人们纷纷以此为时尚。音乐成为苹果打开市场的一个新领域，他们在满足无数用户需求的同时，也得到了自己正在追求的财富。

苹果产品就像人们的时尚标签，一时苹果粉丝数量持续飙升。

2003 年，iTunes App Store 进入市场，只用了一个月时间，这个产品的下载是就为苹果带来了 3000 万美元的收入。2007 年 6 月，iPhone1 横空出世，无疑这是乔布斯将苹果带入手机业的重要一步，他用超前的眼光看到了苹果手机的美好未来。这一触屏智能手机的诞生让人们看到了一种全新的手机，有些人甚至有点为之着迷。它的多功能让人惊叹，人们发现在一个手机上既可以自由地听音乐、玩游戏，又可以做很多为生活提供便利的事情，一部手机正在改变着人们的生活。乔布斯曾经说过："我们今天将创造历史，1984 年 Macintosh 改变了计算机，2001 年 iPod 改变了音乐产业，2007 年 iPhone 要改变通信产业。"

苹果手机技术不断创新，2010 年第四代苹果智能手机 iPhone4 诞生，iPhone 4 内置的陀螺仪代表了这款手机的先进技术，陀螺仪的展示让人们看到了 iPhone4 的神奇之处。

乔布斯的产品总会让人们耳目一新，成为最炙手可热的产品，也因此他的产品通常都能在业界刮起一阵旋风，整个电信业都在其影响下发生着变化。iPhone 推动了 AT&T Mobility 的发展，手机软件业更是因此繁荣了起来。iPhone 第一代手机诞生后仅一个月，Google 的手机平台 Android 和微软的 Windows Mobile 就推出来了，如今 Android 已广泛应用于各种手机上。

2010 年 1 月 27 日，苹果推出了 iPad，从此平板电脑的使用成为一种流行，很多二三线城市的厂商及山寨设备厂商也纷纷模仿生产。iPad 的风行没有让乔布斯满足于眼前的成绩，iPad 诞生后三个月后，苹果就推出了 WiFi 版 iPad，一周时间内 iPad 就卖了 50 万台。

3G 版 iPad2010 年在美国一推出就吸引来很多铁杆粉丝，苹果位于纽约第五大道的旗舰店一开始销售这个产品就有 330 名消费者排队等候。iPad 被人们应用于各个方面，有人用它给客户介绍产品，有的公司将其作为电子地图发给送货员，让送货员更准确及时地给客户送货，这些送货员每年能为公司节省数十万美元。iPad 切实地影响了人们的生活，很多人将其作为工作必备设备。

苹果公司逐渐摆脱了电脑制造企业的标签，已经成为一个大众化的文化娱乐平台和数字内容销售平台了。乔布斯能做到的是，给用户送去他还没想要的产品，这些无不是在技术创新的基础上实现的。他说过，不能去问消费者要什么，而是要给他们你能做出来的东西，因为你给出他们想要的东西时，他们已经想要更新的东西了。

"永不满足，不断创新"的理念指引着乔布斯和苹果，仅仅十年，那个即将破产的苹果公司就成了一个不断在业界掀起波澜的企业帝国。从 2001 年到 2010 年这十年被称为"苹果 10 年"，这更应该称之为乔布斯的"苹果 10 年"，因为在这 10 年里，他一直都是将理念和时间相结合的创新引领者，没有乔布斯又怎么会有"苹果 10 年"？

强自学能力让他拥有坚硬"甲壳"

技术创新同样是甲骨文（Oracle）创始人之一埃里森心中挥之不去的理念。在这个上了三个大学，却没有得到学历证书的埃里森的头脑中，创新是办企业的主题。他的说法和乔布斯如出一辙，他说过，不仅要推出刚设计出的产品，还要将未来人们需要的产品想出来，因为人们很快就需要它们了。

1988 年，埃里森发现那些购买数据的用户同时也需要相应的应用软件，那些软件可以用于生产管理、库存管理、人力资源管理、分销管理、供应链管理等。于是，埃里森开始研发一种"万能"软件，这个软件可以提供大量产品，购买 Oracle 应用软件的客户，可以通过这个软件来解决很多问题。

甲骨文的应用软件开发团队用了六年的时间，他们承担来自各方面的压力完成了这个任务，从他们的成果中可以看到他们曾经付出的艰巨努力。这个多功能的软件一推出就受到用户热烈的欢迎。1990 年的时候甲骨文的股票曾一度跌到最低点，但埃里森相信这个产品会有很大的市场，没有放弃软件的研发，也没有放弃对团队的领导。经过多年磨砺，这款应用软件最终成为 Oracle 最为成功的产品之一。

甲骨文不断改善软件功能，并推出一些新软件，把这些软件和自己的数据库进行有效的结合。甲骨文将最受用户喜爱的应用软件系统，比如企业资源计划、客户关系管理、供应链管理等系统很好地结合了起来，运用电子商务将这些软件连在一起，使其成为有效的软件组。

应用软件成为 Oracle 的核心竞争产品，它让 Oracle 在行业中遥遥领先，也因为这些产品，Oracle 成为了全球第二大软件制造商，紧紧跟在微软之后。

事实证明，学习能力强的人更善于创新，创新带来的是竞争的优势。将创新进行到底的人才更容易成功。

创业行动，越早越好

人们在创业时往往非常有激情、抱负，在实战中却很容易"眼高手低",流于纸上谈兵,缺乏实践经验。也有一些人早早地就开始了实践,这成为他们取得成功的重要因素。比尔·盖茨、史蒂夫·乔布斯、迈克尔·戴尔等在上学时就有了实战经验,这些经验让他们后来在经营自己的事业时游刃有余。

微软是比尔·盖茨创建的第三个公司

比尔·盖茨很早就开始创业了,在有微软之前他就已经有了两家公司,早年对生意的处理使他知道如何应对各种事情。

1971 年,比尔·盖茨的湖畔程序设计公司有了一个好的机会,他们接到一个编写工资单程序的业务,客户是一个信息技术有限公司。这次与客户合作,盖茨不仅积累了做生意的经验,还学会了出售版权获得利润。和公司谈判时,盖茨要求支付版权报酬,他也学会了在自己弱小的情况下如何和大公司打交道。

保罗·艾伦在比尔·盖茨的成功史上占据着重要的地位。他比盖茨大三岁,1972 年,保罗·艾伦在《电子学》杂志上看到一篇文章,他拿给盖茨看,并告诉他有一个叫英特尔的公司,生产了一种叫做 8008 的微处理芯片。于是两个人就凑钱买了这个芯片,并弄出了一台机器。两个人编写了一种能分析纸带记录的计算机程序,可以很好地分析城市交通监视器上的信息。

这个软件虽然不是很复杂,但是能够优化交通管理的时间,也能够控制红绿灯亮的时间。保罗·艾伦到处去推销自己的产品,但是这次创业没有成功,主要原因是政府调整了政策,但是他们两个人还是大有收获的,赚了两万美元的利润。在这次经历中比尔·盖茨收获了经营一个公司的实际经验和能力。

随后,比尔·盖茨又创立了一个公司,是和好友肯特·伊文斯一起合开的。公司主要的业务是设计课程表、作交通流量分析、出版烹饪书等。当时盖茨和伊文斯分别收取公司 4/11 的利润，另一个程序员收取 3/11。这个程序员后来成了微软的第一批雇员中的一个，这个公司曾经为滨湖中学服务，为学校设计了四百多名学生的课程表程序。

这个课程表程序设计成功了，盖茨看到这是一条好的业务线，就给周围的学校发信件和资料争取做这个业务，并承诺打九五折。他在信件中说，他们应用了一种由"滨湖"设计的独特的课程管理电脑系统，向该校推荐这一产品，他们服务好，价格优惠，每个学生的费用是 2—2.50 美元。

在盖茨进入哈佛大学读书时，盖茨还到华盛顿特区，当了一名众议院服务员。在几个月的实习过程中，盖茨的商业头脑再次发挥了作用。他通过电脑程序模拟出了当时竞选者之一的麦戈文可能会在选举中获胜，于是盖茨就以每枚 5 美分的价格，买进了 5000 枚麦戈文纪念章。最后结果和盖茨预料的一点不差，麦戈文被列入了候选人名单。盖茨将那些稀罕的像章出售，价格为每枚 25 美元，由此他获得了几千美元的利润。

1975 年，盖茨创立微软公司时，实际上这已经是他创建的第三个公司了。在这之前，盖茨已经在竞争激烈的商海中鏖战数载，积累了丰富的创办公司的经验。这些实战经验最终帮助了他后来创办微软，令微软想不成功都难。

比尔·盖茨在计算机软件和商业方面的突破，让他找到了自己的人生轨迹，并实现了自己在 18 岁时踌躇满志宣布的梦想："我要在 25 岁之前赚到我的第一个 100 万。"

同样，从大学退学后开始创业的史蒂夫·乔布斯也是凭借着自己在商业方面的敏锐触觉，成功塑造了一个有着水果店名字的"苹果"帝国的。

卖"蓝匣子"开启计算机事业

1955 年 2 月 24 日，史蒂夫·乔布斯出生了。少年时代的史蒂夫·乔布斯就生活在著名的"硅谷"附近，他的很多邻居都是硅谷的高级人才，其中也有惠普公司的员工，受到这些硅谷专业人士的影响，乔布斯从小就热衷于研究电子。一个惠普的工程师看到他那样痴迷于对电子的研究，就将他推荐到惠普公司的"发现者俱乐部"。这个俱乐部是专门为年轻的工程师组织聚会的，每周星期二晚上在惠普的餐厅中举行。也正是在这个时候，乔布斯平生第一次看到了电脑，从这个时刻起他对计算机有了初步的认识。

上初中时，乔布斯遇到了一生中的合作伙伴沃兹。沃兹比乔布斯大5 岁，这个学校电子俱乐部的会长很快就成了乔布斯的知己，两个人相见恨晚，因为对电子有共同的爱好，他们总是有说不完的话。这两个有着极高的计算机天赋的人在 8 年后共同创办了苹果电脑公司。

乔布斯第一次经商的经历来源于一个黑客的启示。在一次聚会上，乔布斯认识了著名的黑客约翰·德拉浦，他被评为 IT 史上十大老牌黑客之一，当时 IT 行业的人都对他的技术有极高的评价。他有个绰号叫"嘎吱船长"，因为他发现"嘎吱嘎吱船长"牌的麦片盒里面作为奖品的哨子能吹出 2600 赫兹的声音，用这个哨子冲着电话话筒吹就能侵入电话系统，这样就能够免费打长途电话了。

乔布斯因为与"嘎吱船长"交上了朋友，所以和沃兹一起见识了这位老牌黑客如何盗打长途电话。这让乔布斯和沃兹很兴奋，两个人决定设计一个能够侵入电话系统盗打电话的"蓝匣子"，这是一个自制装置。

后来他们又在斯坦福线形加速器中心的图书馆里做了几次实验。经过试验，沃兹设计出一个性能很好的电子装置，能迅速侵入电话系统，这个装置就是"蓝匣子"。它的最大优点是不需要开关，只要有人打长途电话，这个装置自己就会被激活。

当乔布斯和沃兹把"蓝匣子"介绍给身边的朋友时，那些人都表现出来极大的热情，他们都想拥有这个装置，去尝试盗打长途电话。

乔布斯看到人们的热情后，多次劝说沃兹，把这个项目做成生意，而后他们开始在校园里卖"蓝匣子"，他善于讨价还价，这都是在做电子元件时练出的功夫。"蓝匣子"最初的价格为 40 美元，卖得非常快，后来就变成 150 美元了，同时还做一些售后服务。随着销量逐渐攀升，最后的价格达到了 300 美元。这个生意让乔布斯大赚了一笔。但"蓝匣子"毕竟是盗打电话的装备，这个设备很快就被电话公司的防盗系统击败了。

卖"蓝匣子"虽然无法成为长久的事业，却让乔布斯感受到了商业的气息，这为他积累了创业的经验，也产生了创业的激情。做过这个小生意之后，乔布斯感觉自己未来还能设计出其他的产品，而且那可以转化成可观的利润。

乔布斯和沃兹常常在一起研究计算机，他们很想有一台属于自己的计算机，但是市面上并没有同类产品，那些产品都是商用的。那些庞然大物价格高、体积大、不能在家里或普通办公室用。他们一直设想可不可以开发出一种个人电脑，用于家庭或者平常办公用。

他们当时面临的一个主要问题是买不起个人电脑必需的 8080 芯片微处理器，当时其零售价为 270 美元，而且没有注册公司的人是不能购买的。他们唯一的办法就是继续寻找，后来旧金山威斯康星计算机产品展销会让他们实现了这个愿望，那是 1976 年，摩托罗拉公司出品的 6502 芯片与英特尔公司的 8080 基本一样，价格仅为 20 美元，这让乔布斯和沃兹欢欣鼓舞，他们立即买下了这个芯片微处理器。

他们拿到这个芯片后再次回到乔布斯的车库，开始了他们的创新设计。他们先做了一个电路板，然后把 6502 微处理器和接口及其他一些部件安装在上面，微处理机与键盘、视频显示器通过接口被连接在一起，不到一个月的时间，他们的电脑就装好了。人类的第一台 PC 机就是在乔布斯那个简陋的车库里诞生的。

这个消息让乔布斯的朋友们十分震惊，他们没想到乔布斯能设计出个人电脑，他们也感觉到这个还不够美观的东西将给未来的世界带来巨变。在这个时候，乔布斯已经开始估量自己的电脑的市场价值，他相信这将成为商业领域最震撼人心的产品，也能让他在商界立足。

1976 年 4 月 1 日，乔布斯、沃兹及乔布斯的朋友龙·韦恩在这个愚人节日签订了一份协议，他们成立了一个电脑公司，他们从此真正踏上了事业的征程。爱吃苹果的乔布斯将公司名字定为苹果，商标却不是一个完整的苹果，而是被咬了一口的苹果，那一口肯定是在乔布斯的嘴里，所以有了苹果公司，他心里总是甜的。理所当然地，乔布斯和沃兹设计出的第一台电脑成了"苹果 I 号"电脑。

开一个公司总是需要资金的，为了凑足资金乔布斯和沃兹不得变卖"家产"，乔布斯把自己的大众牌小汽车卖给了别人，在他的劝说下，沃兹卖掉了自己最喜爱的 65 型计算器。就这样他们有了 1300 美元的创业基金。

乔布斯不仅在发明上有着惊人的天分，在经营方面他也极富智慧。公司成立一个月时，乔布斯向各个计算机商店推销自己发明的计算机，这在当时是困难重重的，因为人们还不太明白个人计算机到底是个什么东西，有什么功能。然而在乔布斯的不懈努力下，一个叫保罗·泰瑞尔的店主被乔布斯的执着和真诚打动了，他订购了 50 部装配好的计算机。乔布斯激动万分，向店主承诺会按时交货。

沃兹听到这个消息后并不乐观，他和乔布斯说这个订单太大了，他们当时没有那么多钱去买电脑配件，乔布斯也明白这是个必须要解决的问题。他找到了 Cramer Electronics，正是一个大型电子零件分销商，他说自己要订购零件，并要求分期付款。店铺经理一看谈业务的人是个年轻人，不相信他有还上余下款项的能力。乔布斯有理有据地和那位经理沟通，他说自己有一份计算机商店的 50 台计算机的订单，货到了店里就能拿到钱，他只需要 30 天的时间就可以把剩余的款项付了。店主看他说的有理，而且态度诚恳就答应了他。

有了电脑配件，乔布斯和沃兹在炎炎夏日没日没夜地组装电脑，每周工作达到 66 个小时，终于在第 29 天的时候，把 50 台电脑都组装好了。每台电脑的价格是 666.66 美元，他们赚到了苹果公司的第一笔钱。计算机商店付了他们计算机款后，他们给电子零件分销商付了配件的余款，剩下的就是他们的纯利润，他们把这笔资金存下来，为下一个项目做准备。

苹果在既是技术天才又是商业高手的乔布斯的带领下飞速成长，一直是 IT 行业里最受瞩目的企业，他们不断推陈出新，不断创造奇迹，不断改变着人们的生活。

12 岁就开始经商，种下直销的灵感

谈起创业前的经营经验，就不能不说戴尔公司的创始人之一迈克尔·戴尔了，他事业的成功很大原因取决于他年少时的经营经验。而迈克尔·戴尔最著名的"直销"方式，最终的灵感就来自于他少年时的经营感受。不能不说年少时积淀下来的经营经验成就了戴尔。

迈克尔·戴尔 12 岁的时候就学会利用邻居手中的邮票开办拍卖会赚取佣金，并用这个钱购买了影响他一生的物品—个人电脑。更为重要的是，这让戴尔知道没有中间商生意更好做。

迈克尔·戴尔 16 岁上中学时，就已经学会了如何做一个推销员，挖掘潜在的客户，他推销一份休斯敦报纸《邮报》，让人们订阅这份报纸，这个工作让他成功赚了 1.8 万美元。这让他真正领略到了经商的乐趣，以至于戴尔上大学以后，不安心做一个好学生，而是四处研究如何挣钱。

戴尔发现，当时计算机的配置和人们的需求有很大的偏差，一些计算机批发商的计算机卖不出去，用户又买不到自己想要的那种配置的电脑。戴尔觉得这个生意可以做，他到批发商那里，用批发价买下了那些已成为库存的卖不出去的电脑，回去后重新组装。他增加了内存和磁盘驱动器，提高了计算机的性能，然后宣传产品，寻找买家。他在报纸上用很小的版面做广告，以低于市场零售价 10% ~ 15% 的价格出售那些电脑。这样的电脑自然大受欢迎，因为它功能好，价格又便宜，哪个用户会不喜欢呢。正如戴尔所总结的，批发商的高价与用户得到的产品和服务之间有很大的差距，而绕过批发商，用户和直销者都能获益。

1984 年 1 月 2 日，戴尔注册了戴尔计算机公司。有了公司后他再次打广告，出售标有自己名字 Dell 的计算机，产品销量非常好，公司一个月可收入 5 ~ 8 万美元。当年 5 月，还在读书的戴尔参加完了考试，戴尔计算机公司正式成立，注册资金为 1000 美元。戴尔的独特眼光和创新商业模式不断给戴尔公司带来可观的利润，到 1986 年，戴尔公司的年收入达到 6000 万美元。在戴尔 22 岁的时候，也就是 1987 年，他被美国学院企业家协会评为 1986 年度的"青年企业家"，他由此成了美国商界的新星。

财富与机遇属于那些能够把握机会和善于不断积累的人，将曾经走过的路变成未来的基石至关重要，同时还要善于抓住稍纵即逝的机会。

别人没想到的，你先想到做到

纵览全球 IT 行业，中途退学去开公司、成为亿万富豪的那些为数不多的人，似乎都是"拒绝传统智慧"型的人，他们不走寻常路，总有一些惊世骇人的做法。实际上，他们身上有着强烈的坚持自我的精神，这给他们带来的帮助不言而喻。他们往往更相信自己，在一些重要的时刻，他们根据自己的判断采取了行动，一步步地走近目标。

有远见，新公司上市融资

1994 年，杨致远创立了雅虎，他放弃了博士学位，而决定开创自己的事业。他曾经说过，创业不仅仅是为了成功和金钱。他说一个人能接受失败很重要，即使失败了也要坚持下去，这种热爱和坚定，是创业能带给人的极大乐趣。

杨致远说的并不是空话，他的坚持被业界的很多人看在眼里，并成为人们津津乐道的话题。他常在成功与失败之间跳跃，很多历程和经验成了人们研究的对象，他由此给别人带来了很多帮助。

在雅虎成立之时，和他相似的网站一般都是仅仅作为一个提供分类目录的网站。而杨致远要将雅虎建设成的是一种新媒体，这是一个必经的门户，他希望成千上万的人通过 Yahoo 进入新的信息世界。

杨致远的这个思路如果能够实现，那么他就把人类从门口带进了网络时代，几乎每一个人都可以通过这个门户网站进入到自己想去的网络世界！

理想是美好的，现实是残酷的，杨致远的这个想法固然好，但是实现起来需要资金基础。对于刚刚成立的公司来说，显然没有足够的资金支持，不过说坚持自己想法的杨致远没有被困难吓倒，他走出了一条不寻常的道路——新公司上市。

上市对于一般人来讲，是公司发展到一定阶段，较为成熟的时候才会考虑的。但杨致远相信自己，他认为门户网站是未来网络发展的趋势，必将受到人们的追捧，所以选择了让新公司上市去融资。

不喜欢传统思路的杨致远终于在 1996 年 3 月 7 日，让雅虎股票正式上市了，这一天被人们称为"华尔街盛事"。雅虎一上市，它的股票就受到人们的疯狂追捧，股价从最初的 13 美元上升到 43 美元，雅虎市值一下达到了 8.5 亿美元。

IPO 成功之后，杨致远开始重视品牌的宣传。他很清楚搜索只是新媒体的一小部分，想吸引更多的用户，必须要更快更好地走进他们的视野。雅虎的网页设计不断被完善，股票报价、地图、聊天室、新闻、天气预报、体育新闻、黄页等功能模块相继呈现在了用户面前，而这些正是人们急需的。

这种功能让雅虎在竞争中占得了先机。因为在雅虎推出这个功能 6 个月后，他的竞争对手才意识到这件事的重要性，但是为时已晚了。半年时间，对于网络企业来说是十分有价值的。

杨致远不仅集中精力去做宣传，而且有了很好的广告创意，广告语为"Do You Yahoo！"堪比耐克的"Just Do It"。他先在传统媒体上做广告，后来扩大了范围，让电台、电视台、杂志、报纸上都遍布他们的广告。雅虎不惜重金做宣传，而且掷地有声。当时公司开出过一张数额最大的支票 500 万美元，那是用来做电视广告的，当时在宣传方面可谓下了血本。

广告效应立竿见影，雅虎很快在众多的网站中脱颖而出，并引来了华尔街分析家们的关注。他们说，雅虎不仅是一个技术公司，它有自己的品牌和文化，它很酷、很特别。随着雅虎在华尔街的大受欢迎，杨致远的财富也逐渐增长。然而对他来说，最让他感到快乐的不是金钱，而是他感到自己让世界发生了变化。他每天问自己是不是让雅虎变得更好了，当他想到每天有千百万个人在使用雅虎时，感到十分的奇妙，这给了他很大的快乐和成就感。

杨致远坚持自我，将兴趣经营成为了事业，通过几次违背传统的"出招"，雅虎终于为业界和用户所广为接受和喜爱。

注重市场，拒绝权威

很多成就卓越者不约而同地选择了不走寻常路，他们善于拒绝传统，独树一帜。"硅谷坏男孩"拉里·埃里森就是其中一个，作为 Oracle（甲骨文）的董事长兼 CEO，他为人们所熟知。埃里森的成长故事本身就是一个传奇，他出生自社会底层家庭，32 岁前一无所有。他是个读了三个大学、却没有得到一个学历证书的人，而年轻时的失败却没有挡住他迈向成功的步伐。20 年后，他成了硅谷首富，甚至有望成为世界首富。

拉里·埃里森创业时坚持自我，很有主见。他在任何时候都表现出从不接受传统观点、不相信权威的个性。他不但自己不相信权威，还鼓动别人一起不相信。他让人们见识了那种与众不同的人的"坏"，而这种精神让他受益匪浅。

2000 年，拉里·埃里森在耶鲁大学做了一场别开生面的演讲，他煽动大学生休学，因为具有极强的破坏性被当场赶下台。他的演讲让人们看到了他的个性，这场有争议的演讲也给了很多人不一样的感悟，很多人有选择地吸收了他的思想。

有别于其他技术公司老板的是，埃里森将公司的技术专家们都变成了推销的专家。也就是说他很早早就开始进行全员营销了，这一做法使甲骨文走向了成功。埃里森在任何时候都不忘做市场推销专家，他不仅介绍产品，还给人们讲解关系数据库的用途，让人们全面系统地了解相关产品，这种超前意识使他的公司与众不同。

他是一个天生的推销家，而且方法十分特别，你看他作的演讲标准题目就能知道，他最喜欢做的演讲是"关系数据技术的缺陷"。演讲中他会十分生动地讲述关系数据库会出现的问题，当听众对数据库失去信心的时候，此时他会不动声色地介绍甲骨文是如何解决这些问题的。

埃里森不像其他推销者那样讲述产品功能，他会在现场作演示，在电脑中输入关系查询，给人们看结果。尽管实际使用和演示会有所不同，但人们都会对这种演示印象深刻。埃里森除了在推销现场作演示，还会在培训用户时使用关系查询语言 SQL。

有硅谷人士评论说，甲骨文做法得当，把市场看得最重要，它有普通的技术和一流的市场能力，这样的公司可以战胜有着一流技术、普通市场能力的公司。

不崇尚权威，也不循规蹈矩的人，一般要不就干大事，要不就闯大祸。埃里森显然是后者。拉里·埃里森有着远大的抱负，简单而直接，那就是成为世界第一，甚至世界唯一。他不仅想打败微软，成为世界第一的软件公司，还想成为唯一存在的软件公司，这就是他的目标。

拉里·埃里森曾经用自己独特的方法让甲骨文渡过了难关。事情发生在 1990 年，公司因为高增长带来了隐患，出现了资金流短缺，股价一度下跌严重。甲骨文自成立之日到 1990 年，为了保持高增长的销售额，销售人员签订了大量无法收款的合同，甚至有人为此不惜弄虚作假。公司没有人监督合同执行情况，现金流量是负值，因此公司暴露出财务和销售管理上的严重弊端。

埃里森高薪聘请了很有经验的人对公司进行调整。在整顿开始的前三个月就有 1500 万美元的销售合同无法执行，结果那三个月的销售额虽然达到 2.36 亿美元，利润增长率却只有 1%。这个消息一公布，甲骨文的股票就从 25.38 美元跌到了 17.5 美元，之后的半年股价持续下降，到 10 月底，股票收盘价只有 5.38 美元。春天时，埃里森还有价值近 10 亿美元的股票，11 月时仅剩 1.66 亿美元。

遇到这种股价大跌的情况，一般人的做法就是赶快卖掉股票。但埃里森没有这样做，他对公司内部进行调整，对销售和财务两个部门作了细致的整顿。他做到了保持足够的现金流量，销售合同得到执行。这些做法改变了公司以前的现金不足的问题，但是公司销售增长率却下降了，1991 年和 1992 年公司的销售额增长率只有 12% 和 15%。对于公司出现的问题，埃里森早就意识到了，他知道调整后销售增长率会下降，所以在最初几年都没有严格考核现金流量和销售合同。这样做，是为公司日后避免危机打下基础。

埃里森开始研发新的数据库。为了打一个漂亮的翻身战，埃里森将希望寄托于甲骨文 7.0。这个版本公司讨论了好几年，1992 年 6 月终于上市了。甲骨文 7.0 上市后大受欢迎，公司销售额也急速增长，从 1992 年的 15 亿美元增长到 1995 年的 42 亿。

资金问题解决以后，埃里森也开始着手解决公司的管理问题，他让公司渐渐有了成熟的管理模式。埃里森开始关注用户的意见，他开始以满足客户需求为方向，不断改善自己的产品。

多年后，他把业务始终锁定在数据库及企业应用软件上，在这些领域占有很大的市场份额。埃里森被《财富》杂志列为世界上第五富有的人，2004 年《福布斯》杂志全球富豪排行榜显示，埃里森的个人净资产为 187 亿美元，排名第 12 位。他的 Oracle（甲骨文）已是世界上最大的数据库软件公司。

找到资金，才是找到生路

资金永远是创业最需要的东西，这是创业者要面临的最现实的问题。那些退学创业的富豪们，都曾在退学前解决了资金问题，这也是他们的一大共同点。

资金来了，赶快抓住

扎克伯格创建 Facebook 的过程中同样受到资金短缺的困扰。幸运的是，在扎克伯格走出哈佛校园前夕，哈佛大学的大四学生萨瓦林同意向 Facebook 投资 1 万美元，这个学生来自于富商家庭。作为对他的回报，扎克伯格将 Facebook 30% 的股份转让给了萨瓦林，并叫他做网站的首席财务官。但是，学业很多的萨瓦林没有时间参与 Facebook 的具体经营与管理。

2004 年 7 月 4 日，The facebook. com（原始名称）正式启动。两周后，一半的哈佛学生注册，成为了它的用户，很快，人数增长了 70% 多。后来，扎克伯格的室友莫斯科维茨和克里斯·休斯也加入了网站的经营。当时网站租了一个虚拟主机，租金为 85 美元。很多其他大学的学生开始和他们联系，希望网站能够帮助建立属于他们自己的网上区域。于是，扎克伯格和他的室友开始开辟新区域，主要是斯坦福和耶鲁的在校学生。后来共有 30 所学校的学生加入该网站，针对高校学生的活动和广告给网站带来了几千美元的收入。

随着注册人数和访问量的增加，Facebook 必须扩展应用平台以满足用户的需求，为此急需后续资金的注入。此时，命运之神再一次出手帮助了扎克伯格。

大学二年级快结束的时候，扎克伯格在街上碰到了文件分享软件纳普斯特的联合创造者辛恩·帕克，他说服帕克搬来和他同住，帕克给扎克伯格带来了很多创意，还有丰富的人脉以及一辆汽车。

帕克确实是扎克伯格的幸运星，几周后，他就为扎克伯格介绍了一个投资者——彼得·希尔。希尔是在线支付公司 PayPal 的创始人之一，也是对冲基金 Clarium 资金的总裁及创业者基金公司的经营伙伴。他们见面时候，扎克伯格作了 15 分钟的简短介绍，他从希尔的眼中看到了兴趣。就这样希尔给了扎克伯格 50 万美元的启动资金，并把他引荐给硅谷上层社交网络，让他从此进入了硅谷世界。

扎克伯格和莫斯科维茨决定像比尔·盖茨那样退学创业。有了资金，人才也多了起来，扎克伯格和工程师们租了房子办公，坐在并不坚固的办公桌前编写程序，进行头脑风暴。

2004 年 11 月，Facebook 的用户突破 100 万人。半年后，在希尔的帮助下，Facebook 与一家美国著名风险投资公司签署协议，得到 1270 万美元的投资。于是，扎克伯格将公司搬进了真正的办公楼，聘请了一批优秀的工程师，不断改善网站，让更多的人成为他们的用户。随后，微软买下了 Facebook 赞助商和广告链接的独家经营权，购买资金为 2 亿美元，扎克伯格成功获得了发展资金。

扎克伯格给自己定了很好的方向，他把这些资金用于开发原创运用，而不是用来兜售广告。他不希望网站变成广告集中营，而想让网站有源源不断的新内容，这一做法和苹果的 iPod 很像。Facebook 不会为没有新内容而着急，它有获得创作源泉的方式。

乔布斯奔波于硅谷寻求投资

扎克伯格的成功现在已经没有人质疑，但是，不知道如果开始的时候没有充足的资金，Facebook 能发展成什么样。纵观美国信息技术发展史，可以看出资金对于一个公司的意义。苹果公司的乔布斯同样也感受到了在创业前获得足够资金的重要性，他的成功与其对资金的敏锐嗅觉是分不开的。

乔布斯创办苹果时，沃兹卖掉了自己喜欢的惠普 65 可编程计算机，乔布斯卖了汽车，这样他们才有了创业资金。他们两个分别拥有 45% 的股份，余下的 10% 给了答应帮助他们的罗恩·韦恩。苹果公司的模式是这样的：由沃兹设计电路模型，然后生产电路板。他们三个人一起为未来奋斗着。

一个偶然的机遇让苹果公司为人们所熟知。1976 年，零售商保罗·特雷尔订购了 50 台"苹果"整机被销售一空的事情，让人们认识了苹果公司。之前没有足够资金购买电脑配件的情况，让乔布斯和沃兹意识到了资金短缺对公司发展的阻碍。

1976 年，沃兹和乔布斯去亚特兰大参加了一个电脑节，接着又去了费城，很想让全世界知道他们的成果。然而他们面对的是人们的忽视，在别人眼里他们的摊位就是两个邋遢的年轻人和一些丑陋的箱子。他们意识到小本经营不能使公司快速发展，他们需要更多的钱，他们需要有一条商业经营的通道，需要有维护客户关系和作广告的专业人士加入团队。

因此，他们开始积极地寻找资金，还曾找到了惠普。他们都没有意识到沃兹设计的机器所能带来的商机，因而没有成为苹果的合作伙伴。

胡子拉碴、穿着牛仔装的乔布斯不断奔波于硅谷中，和很多公司的老板见面，说服他们给自己投资。经过死缠烂打，终于有人答应给他们投资了，他们就是广告创意公司的麦金纳和投资人麦克马库拉，他们加入了苹果的团队。苹果公司自此转变为一家股份公司，开始了一个完整公司的征程。

还有一位高手的加入让苹果公司如虎添翼，这个人就是马尔库拉，他是一位十分专业而且十分善于推销的电气工程师，很多人称他为推销奇才。他做股票生意赚了很多钱，所以选择了提前退休。而当他看到乔布斯和沃兹的新产品时，没能按捺住内心的激动，决定加入他们的队伍，帮助他们把公司办起来。他为苹果公司制订了一份商业计划，并帮助贷款 69 万美元。这相当于他把自己的命运和两个年轻人绑在了一起。

在马尔库拉的帮助下，苹果Ⅱ取得了巨大成功，半年后，苹果Ⅱ就风靡了美国西岸。苹果Ⅱ是很专业，也很好看的电脑，他让人们耳目一新，这与乔布斯的严格要求有着很大的关系。流线型设计、每个接口都做得十分巧妙，这是乔布斯的要求。沃兹也发挥了他的推销才能，很好地向人们展示了苹果Ⅱ。

几个月的时间，苹果Ⅱ的订单就达到了 300 份。到 1979 年，苹果Ⅱ成了办公场所里的常见产品。

10 万美元支票成为谷歌创立资金

Google 的创始人谢尔盖·布林和拉里·佩奇身上也曾经历过类似的事情。他们创业的成功也离不开资金的支持。

最初，他们只是想把自己手中的搜索技术卖给某个公司。被拒绝很多次后，才决定自己创业，但他们没有足够的资金。在这个时候他们的老师安迪·别赫托希姆帮助了他们。安迪·别赫托希姆是 SUN 微系统的创始人之一，他是个很有远见的人。他看到两个年轻人的演示后，当场就毫不犹豫地给他们开了一张 10 万美元的支票，让他们作为创立 Google 公司的资金。之后两人又想方设法筹得 100 万美元作为最初的资金。

1998 年 9 月，用这 10 万美元，布林和佩奇在车库里开始了事业的征程。公司刚成立的时候，他们只有一个员工——克雷格·希尔维斯通，他现在是 Google 的技术总监。那时 Google 搜索每天已达 1 万次，而且公司吸引了媒体的目光，但公司依然存在资金短缺的问题。

1999 年年终，机会再次来了，Google 得到了 2500 万美元的投资，它来自两位风险投资家，这次资金投入使 Google 进入了一个新阶段。

随后源源不断注入的资金帮助 Google 真正走上了快速发展时期。2000 年，Google 与世界著名的雅虎网站合作；2001 年初，Google 开始赢利；2004 年，Google 成功上市；2005 年，Google 的市值达到了近 1300 亿美元。Google 就这样不断地向前发展。

盖茨凭热情获得 IBM 的资金

微软同样也是因为获得了启动资金而使自己得到长足发展的。与 Google 不同的是，微软的启动资金并不是从风险投资人那里获得的，而是从业内巨人 IBM 那里获得的。

在当时，IBM 确实是业内的巨人，谁能与它合作就等于离成功不远了，所以不能不说盖茨和保罗是幸运的。

1980 年对微软来说至关重要。8 月，盖茨接到一个电话，一位神秘客人要与他会晤。他本来计划在下一周再见这个人，而对方却说在两个小时内就会出现在他面前。这个神秘的客人就是 IBM 的代表，当时 IBM 需要一种计算机软件，盖茨的热情给他留下了深刻的印象。其实，微软的技术并不是他们最需要的，还有别的公司也能提供同样的技术，但那家公司非常冷漠，所以这位 IBM 的代表更青睐微软。盖茨拿着报告去 IBM 与那家公司竞争时内心十分忐忑，因为他不想与巨人擦肩而过，他知道这个机会能给自己带来巨大的人生转折。

盖茨凭借敏捷的思维和灵活的沟通赢得了机会，与 IBM 签了合同。

紧接着就是微软高标准、严要求的产品生产过程，他们全力以赴，致力于满足 IBM。很短的时间和巨大的产品量都在考验着微软，比尔·盖茨很擅长处理紧要事件，他们最终按照要求完成了任务。

1981 年 8 月 12 日，IBM 公司向全世界宣布计算机界的最大新闻：新一代个人电脑 IBM PC 问世了。IBM 和微软的合作，实现了各有所获，IBM 电脑销量上升的同时，和 IBM PC 机一起销售的 PC－DOS（MS－DOS）及一系列微软公司的软件也大卖。兼容机发展起来后，微软软件不仅安装在 IBM 电脑上，也开始应用在各种电脑上。微软从此风靡了整个世界。

通过与 IBM 的合作，盖茨获得了大笔资金，为以后微软再一次推出新产品提供了资金基础。受惠于这笔启动资金，1984 年，比尔·盖茨和微软公司获得了大丰收。除了 MS～DOS（这时已推出 V3.1 版），Pascal、Word、GW～BASIC 等一大批软件都很畅销。这一年微软公司的销售额过亿，成了头号软件公司。同年 4 月，比尔·盖茨登上了《时代》杂志封面，这时他才 28 岁。微软在盖茨等人的带领下，一路继续高歌前行。

一个好伙伴， 就是一个机会

一个人再优秀，也不能把所有事都做了。合作，至关重要。很多伟大的公司都是合作创立的，苹果、谷歌、微软、英特尔、惠普等，都是这样的公司。创业的合作者们能很好地判断自己的优缺点，能够找到自己的局限性，与合作伙伴实现互补。那些创业的天才们很多在校园里就找到了合作伙伴，而那些伙伴也给他们带来了机会。

比尔·盖茨与史蒂夫·鲍尔默相识于哈佛

比尔·盖茨说过，想创业成功必须要做好两点：一是要有明确的方向，知道自己真的要做什么，那样才不至于走弯路；第二要找到合适的人合作，有一个好的团队。所以，盖茨在辍学后就说服一个斯坦福大学的天才离开学校和他一起创业，那个人就是我们熟知的微软现任的 CEO 史蒂夫·鲍尔默。

鲍尔默曾经在哈佛读本科，那时他是盖茨的同学，后来他去斯坦福读研究生。1980 年，盖茨邀请鲍尔默加入微软，这当然要放弃学业，鲍尔默受到了来自父母的阻挠。鲍尔默的父母不能理解人们为什么会需要电脑，不知道软件是什么东西，所以不支持他放弃学业。鲍尔默对父母说，如果创业不顺利，他还可以回到斯坦福继续上学，这样父母才同意。

然而，他们的创业还是很顺利的，20 年后，盖茨把微软帝国的 CEO 职位给了鲍尔默。盖茨一直有着那样的愿望，公司里有很多能够管理公司的人，他随时可以离开，完全不会影响公司的发展。盖茨曾用过大量的精力来打造那样的管理结构，他找到了能处理横向扩张结构的能力最强的工程部主管，能和任何人沟通产品计划的最厉害的产品部主管。

他实现了自己的愿望，所以他离开微软后，微软依然和原来一样很健康地前进着。

乔布斯和沃兹，技术天才与产品预想家的组合

乔布斯和沃兹也是一对天才组合，这个组合同样是在校园里建立起

来的。在刚创业的时候，乔布斯就对自己和沃兹有过客观判断，他觉得自己在技术天赋方面没有沃兹有优势，而乔布斯善于将技术变成产品。就这样他们成了能够很好地进行互补的一对组合。

乔布斯早就发现沃兹是个技术天才。乔布斯曾接受自己打工的公司的委托，开发一款叫"突破"的游戏。乔布斯用了两天两夜就交差了，而实际上是沃兹帮忙做的，他设计出了所用电脑芯片很少的方案。乔布斯当时给沃兹的报酬是一些糖果盒可乐。后来公司付给了乔布斯 1000 美元设计费。乔布斯对沃兹说，公司给了他 600 美元设计费，沃兹因此得到了 300 美元，而乔布斯自己剩下 700 美元。

后来当乔布斯和沃兹一起开创苹果公司后，专注于技术的沃兹确实也成就了乔布斯。他独立研究制造了"苹果一代"和"苹果二代"，让苹果公司确实大赚了一笔。在苹果辉煌的几十年里，沃兹给了他无以计数的充满创造性的支持。

读了三个大学，却没拿到学位证的甲骨文创始人之一拉里·埃利森也有一位很好的创业伙伴，那就是鲍勃·迈纳。就像比尔·盖茨有保罗·艾伦、史蒂夫·乔布斯有沃兹·尼埃克一样，鲍勃·迈纳是拉里·埃利森的黄金助手，他为甲骨文筹得了资金，使这个公司开始在硅谷发光。

斯坦福 IT "双子星"，杨致远和费罗

雅虎的创始人杨致远和费罗无疑也是 IT 史上最为闪耀的"双子星"之一。他们是斯坦福大学的校友，他们的合作与友情从创业之初一直延续到了 21 世纪。可以说，稳定的"双剑合璧"状态，是雅虎能够从两个人的小网站成长为亿万人使用的网络门户的核心所在。

创业之初，两个人每天轮休 4 个小时，昼夜不停地工作。然而这不

仅仅是一个勤奋的故事，而且是两个创业伙伴相互信任，相互支持的故事。

杨致远相对外向一些，在公众和媒体面前有着更加强烈的表现欲，同时他东方人的外表，也更容易引起大众的关注和兴趣。费罗则相对内敛一些，他更加愿意专注于雅虎的搜索技术，专注于做好网络。两个人的完美合作成就了雅虎。

在性格之外，或许两个人内心深处彼此信赖，是支撑这种分工的最本源的力量。毕竟雅虎需要一个在媒体面前吸引公众目光的领袖，在这个时候，他们需要作出选择，把其中一个人推到台前。

试想如果是杨致远一个人支撑着雅虎的梦想，雅虎能够发展得那么好吗？杨致远成就了费罗，费罗同样也成就了杨致远。

他们的故事让我们再一次看到创业伙伴之间的互补与信任，是开启事业征程的最为重要的元素。任何人想要成功，都需要和其他优秀的人合作，而结识他们越早，成功来得就会越快。

第3堂　投资课：
想成为投资老手，不断去练习

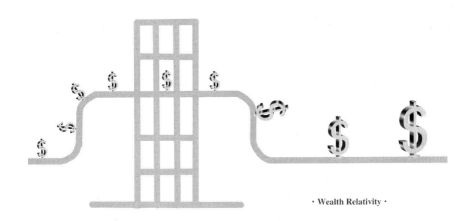

· Wealth Relativity ·

　　《福布斯》富豪榜显示，很多亿万富豪都是通过投资攫取财富的，而投资需要丰富的经验，那来自于不断的练习。很多人在投资银行得到了历练，并得到了丰富资源，从而成为富豪。投资银行的独特经营手法和灵活运营手段，都成为投资者们的经验，而与商界及社交界重要人物的交往也成为他们事业的基础。

在投资银行历练后，登上了《福布斯》富豪榜的人包括：私募股权巨头大卫·邦德曼和吉姆·库尔特、房地产大亨汤姆·巴拉克、投资家理查德·雷恩沃特、私募股权大师尼古拉斯·伯格鲁恩等人。

接手走投无路的企业， 让它生钱

巴斯投行在投资界的佳绩受到业界瞩目，人们研究了它的特点，认为收购走投无路的企业是其保持业绩的主要手段。大卫·邦德曼、尼古拉斯·伯格鲁恩都曾在巴斯投行工作，他们都十分善于收购陷入绝境的企业，然后将其经营成赢利型公司。他们后来都离开巴斯投行，独自创业，成为私募股权巨头、私募股权大师，并登上《福布斯》富豪榜。

艺术家型投资大师专注破产企业

尼古拉斯·伯格鲁恩从父亲身上继承了艺术细胞。他的父亲亨氏·伯格鲁恩是一位收藏家，被毕加索欣赏，两人是密友。他家里拥有藏有很多著名艺术家作品的伯格鲁恩博物馆。尼古拉斯·伯格鲁恩在法国和瑞士长大，从小就特立独行，具有艺术气质，梦想成为一名作家。他曾专心研究加缪、萨特和其他存在主义大师的思想，然而后来他成了一名艺术收藏家。他的叛逆常让身边的人惊讶。当年，这位出身于名门的德裔少年，曾痛恨自己深厚的家庭背景。

尼古拉斯·伯格鲁恩 17 岁时去纽约大学读书，那时候他已经开始作投资了，投资金额是自己的几千美元。毕业后他顺利进入了巴斯投行，又积极投资股票、债券和早期的私人资本股权，后来又收购了一个完整的企业。

在巴斯投行待了几年，尼古拉斯·伯格鲁恩已经拥有了一定资金，能力更是得到了很大的提高。他觉得自己已经可以独自创业了，所以离开巴斯银行，创立了自己的投资公司 Berggruen Holdings。

尼古拉斯·伯格鲁恩调查了一家叫 FGX 的眼镜公司，其前身为 Foster Grant。这家公司的产品是消费者热衷的老牌子，公司在成立之初业绩非常好。调查出的数据显示，这家公司的资产正在缩水，善于并吞破产企业的尼古拉斯·伯格鲁恩知道机会来了。经过一段时间的密集考察，尼古拉斯·伯格鲁恩在这家公司资产缩水最严重的时候收购了它，为此节省了一大笔资金。

收购了这家公司后，他扩大了产品线，调整了管理层，竟然让这家要破产的公司上市了。公司上市后还成功融资，有大量资金进账。这个资产严重缩水的公司经过他的经营，不但复活了，还为股东们赚了很多钱。他的惊人手笔让投资界将其名字视为成功的代名词。后来他又成功收购了一些报纸、电视、广播、杂志和互联网企业，还在葡萄牙创建了该国最大的媒体之一——Media Capita。

并吞走投无路的企业，通过经营使其升值，以此获得收益的做法得到了同行认可。尼古拉斯·伯格鲁恩的合作伙伴——消费品巨头 Jarden Corp 的首席执行官马丁·富兰克林称，尼古拉斯·伯格鲁恩是一个精明的买家，他能把坏事变成好事。

甚至于当一些大企业濒临破产时，员工们都期待尼古拉斯·伯格鲁恩来拯救他们。

2010 年，连锁商场集团嘉士达（Karstadt）将要被尼古拉斯·伯格鲁恩收购。柏林西部主要商业街库当大街嘉士达分店里的员工曾期待他的到来。他在那里举办了新闻发布会，向员工宣布：嘉仕达有了未来，未来是激动人心的，他非常高兴能参与其中。他的讲话几次被掌声打断。与通常收购现场出现伤心的告别的情景不同，人们几乎都在欢呼，还拉起了写着"热烈欢迎！"的横幅。整个嘉士达商场集团 2.5 万名员工都为尼古拉斯·伯格鲁恩的到来感到振奋，员工们需要这样一个把他们拉出困境的救星。

其实，在新闻发布会召开之前，收购的过程是比较艰难的。嘉士达商场集团陷入危机时，尼古拉斯·伯格鲁恩就已经关注它了，在竞标中伯格鲁恩胜出，签订了购买合同。然而还需要和房东集团 Highstreet 基金进行谈判，这是一次十分棘手的谈判。因为房东集团 Highstreet 的所有债权人就资金问题向尼古拉斯·伯格鲁恩提出了要求。经过几个月的斗争与妥协，最后双方达成了协议，竟然有 80 个人在合同上签下了名字。持续了很长时间的谈判成功了，尼古拉斯·伯格鲁恩将其解释为，达成一致是大家想要的结果。他因此而舒了一口气。

对于嘉仕达商场集团的经营，他也有独特的方向。他将品牌特征定位为年轻化、现代化，并通过管理调动了员工的热情，让他们工作更加积极。嘉仕达商场集团的活力迅速彰显了出来。他向集团注资 7000 万欧元，并保留了 120 个商场，将品牌的现代化与年轻化落到了实处。

这位有着浓厚艺术气息的投资家，几次都是通过并吞走投无路的企业获得了财富，这是投资的招牌模式。据资料显示，尼古拉斯·伯格鲁恩的投资公司 Berggruen Holdings 已拥有超过 30 亿美元的净资产。

低迷时购进，将风险降到最低

大卫·邦德曼与尼古拉斯·伯格鲁恩的特长相似，也善于收购陷入困境的企业，并将其经营为带来巨额利润的上升型企业。他们都曾就职于巴斯投行。大卫·邦德曼因为屡次大手笔的收购，被称为"收购艺术家"。作为华尔街的传奇人物，他的魅力给无数人留下了深刻的印象，坚毅、睿智、谈吐优雅是人们对他的评价。他走到哪里，哪里都会刮起一阵风暴，那是人们的赞叹与感慨。

大卫·邦德曼曾是一家律师事务所的合伙人。1966 年他从哈佛大学法学院毕业，华盛顿特区的 Arnold & Porter 律师事务所邀请他加入，因此他有过 17 年律师事务所合伙人的生涯。1983 年，他离开了 Arnold & Porter，去了 Keystone 公司做行政总裁。

大卫·邦德曼曾在埃及开罗学习伊斯兰教法，他的阿拉伯语十分流利。他在开罗的司法局担任过民法律师，曾参与办理过美国高等法院的内部交易案，在 Braniff International Airways 的破产案中发挥了重要作用。华盛顿著名的威拉德酒店（Willard Hotel）和纽约中央火车站（Grand Central Station）都曾经有过要被拆除的危机。在保护这两个文化遗产的过程中，大卫·邦德曼花费了很多精力，起到了非常大的作用。熟悉法律，参与的案例数量多而涉及领域广，这让他在后来收购企业的操作中，判断力更强，更为得心应手。

大卫·邦德曼的投资壮举起初都是在巴斯投行完成的，他进入巴斯投行的缘由更让很多人感到羡慕。因为是律师事务所的合伙人，在一次办理案件时他认识了德克萨斯州巨富巴斯。阅人无数的巴斯很快便看出了大卫·邦德曼的能力，认为他能给自己的企业带来帮助，于是邀请他加入巴斯投行，做巴斯家族的投资总监。大卫·邦德曼就这样从律师行业转入投资行业，进入"投资圣地"巴斯投行。就是在那里，他学会了收购困境中的企业，为他们找到出路，从而获得高额回报。

收购美国储蓄银行（America Savings Bank）让大卫·邦德曼首次受到关注。作为美国最大储蓄信贷机构之一的美国储蓄银行，在 20 世纪

80 年代即将破产，有魄力收购它的人必须具备让其东山再起的能力，不然就等于收购了一个定时炸弹。

大卫·邦德曼从调整管理层入手，将管理层换成了一批新人，改善了公司的管理和运营机制，又让美国储蓄银行与华盛顿互助银行（Washington Mutual）合并。华盛顿互助银行成了美国储蓄银行的靠山，运营变得更加顺畅了，美国储蓄银行的投资人也得到了意想不到的高额收益。

收购美国储蓄银行与 RJR 纳贝斯克食品烟草公司的并购，并称为 20 世纪 80 年代最著名的两大收购案。收购美国储蓄银行还引发了美国整个银行体制的改革，大卫·邦德曼的大手笔堪称辉煌。

在此过程中，早有人盯上了大卫·邦德曼，其中有两个非常用心的人，那就是斯坦福大学的两位毕业生——吉姆·库尔特和威廉·皮瑞斯，当然此时他们都正是公司的高管。吉姆·库尔特在 1986 至 1992 年间，在 Keystone 公司做副总裁，威廉·皮瑞斯在金融服务公司（GE Capital）和贝恩管理咨询公司（Bain & Company）任职。他们认为，以大卫·邦德曼的能力与潜力，不出来创业是在浪费资源，所以准备劝大卫·邦德曼离开巴斯投行。

吉姆·库尔特和威廉·皮瑞斯成功了。经过慎重考虑，大卫·邦德曼于 1993 年辞去了巴斯投行的职务，与劝说他的两个人一起创办了德克萨斯太平洋集团（Texas Pacific Group，简称 TPG 或 德州太平洋集团）。没有什么悬念，在三位创办人中，大卫·邦德曼是最有号召力的，他是集团当之无愧的精神领袖。

这是一个私人股权投资公司，主要业务是为公司转型、管理层收购和资本重组提供资金支持。通过杠杆收购、资本结构调整、分拆、合资以及重组而进行的全球股市和私募投资，成为 TPG 十分擅长的业务。

大卫·邦德曼深知，收购即将破产的企业是快速获得高额利润的方法。TPG 的第一个项目就是这样的案例。

当时，美国大陆航空公司（Continental Airlines Inc）业绩很差，已经到了要破产的境地。大卫·邦德曼看到了这个公司经过整顿后的好前景，所以准备收购它。经过多次谈判，大卫·邦德曼以 6000 多万美元资金收购了这个公司，得到了这个价值 65 亿美元的巨型公司，价值是原来的 10 多倍。

收购后他依然先调整管理层，整个公司的运营有了巨大变化。最后的利润回报竟然是原来的近百倍，大卫·邦德曼在投资界的名气更大了。这位投资大师当时还针对 TPG 的项目制定了一个规则，就是投资项目在经营业绩没有提高时，TPG 有权在一年之内改变投资价格，这就保证了 TPG 在投资中不会有损失。如此精明的规定自然规避了 TPG 的风险，让其真正走上了平稳上升的道路。

只用了几年时间，德克萨斯太平洋集团（TPG）就控制了 200 亿美元资金，这包括亚洲和美国的很多合资公司。连靠对冲基金发家的爱德华·兰伯特也开始关注这个在收购基金中自信满满的公司。在美国，德克萨斯太平洋集团（TPG）的年利润达 350 亿美元。作为上市公司，TPG 曾在《财富》500 强中排在摩托罗拉和 Lockheed Martin 之间，位置靠前。

大卫·邦德曼作为德克萨斯太平洋集团（TPG）的创始人兼精神领袖，凭借其收购与经营即将破产的企业，成为投资界的耀眼明星，当然也成了《福布斯》榜上的超级富豪。

在别人还没看清时，拿下新兴产业

除了并吞即将破产的企业，选择有前景的新兴产业也是巴斯投行的投资特点之一。因为对这种企业作巨额投资，回报十分惊人。从巴斯投行走出来的投资家理查德·雷恩沃特、投资大师尼古拉斯·伯格鲁恩在选择所要投资的新兴产业方面可谓都目光独到。

理性预测趋势，获利能源市场

20 世纪 80 年代，理查德·雷恩沃特为巴斯家族打理财产，事实上也就是巴斯投行的 CEO。他擅长把握经济走向，投资新兴产业，在产业低迷时下手，等到产业发展起来再获取利润。凭此能力，他让巴斯家族名利双收。

他不仅投资新兴产业，关键是会把目光放在一个成长中的行业，然后选择一些合适的企业，投资后不轻易放弃，直到其价值最大化。他对行业发展有宏观的判断力，长远的机会和价值是他最注重的，正如他所说："我感兴趣的是那些为全世界提供必需品的大型行业和公司。"投资能源公司是他最为成功的案例，这让巴斯家族在高油价时代获取了巨额利润。

经过大量的调查研究，理查德·雷恩沃特认为从 20 世纪 80 年代开始的油价过低的情况会很快发生改变。因此，在油价低、投资少的时候，他用 3 亿美元购买了能源类公司的股票和石油、天然气期货。同行们都惊讶于他的举动，因为他们认为能源产业已经走向了末路。当时网络科技产业是上升型产业，人们的目光多半聚焦在那个领域，资金也大量流向网络科技产业。

在理查德·雷恩沃特投资能源产业后，油价依然在下降。甚至到 1998 年底，国际油价还在 10 美元以下，美国的常规汽油价格为每加仑 90 美分。他的投资可以明显看出其收益是锐减的，在网络科技公司造就了很多亿万富豪的情况下，人们认为理查德·雷恩沃特投资精准的风格已经不复存在了。

但理查德·雷恩沃特并没有听从其他投资家的建议，改变方向去投资其他行业，他相信油价一定会触底反弹。他认为备受追捧的科技股未来会成为泡沫，这个观点为当时的很多同行所不齿。

狂热追求网络科技产业的投资人确实没有笑到最后。到了 21 世纪初，网络泡沫赫然出现，而且破灭速度异常得快，科技股不再飞速增长，很多投资公司因此遭受了巨大损失。

当汽油价格达到每加仑 4 美元时，理查德·雷恩沃特认为油价上涨的状况会暂停，美国人还不能接受太高的价格。但他认为，在未来全球汽油供给减少会导致市场需求的增大，油价会继续上涨。

在油价上升到每桶 130 美元左右时，理查德·雷恩沃特将当年投资的雪佛龙、康菲石油、挪威国家石油等多家能源公司的股票抛了出去，为自己的能源投资画上了句号。就在同行们还把目光放在能源企业上时，作为油价上涨的最大的受益者，理查德·雷恩沃特已经决定退出了。因为他预测油价将会下降，关于这一点他曾多次明确表示过，虽然不能断言当时售出股票是否为最好的时机，但相对当时的趋势，他对自己的判断十分自信。

他的观点源自于市场调研。当时美国最受欢迎的投资理财网站 Motley Fool 作了一个调查，有一个问题是"你如何看待高昂的汽油价格？" 77% 的被调查者选择减少汽油的消费，比如少开车、购买混合动力车、骑自行车等；23% 的被调查者认为没关系，因为他们的能源股票让他们因油价上涨获利。理查德·雷恩沃特基于这种调查结果，判断高油价让消费者已经不能承受，油价下降成了必然趋势，于是选择了抛售手中的能源股票。

理查德·雷恩沃特当年投到能源行业的 3 亿美元资金，为他带来了大约 20 亿美元的收入，嘲笑他的投资者又开始佩服他了。他在《福布斯》美国富豪排行榜上的名次也从 1999 年的 200 多名提前到了 2007 年的第 91 名。

着眼成长行业，选择替代能源

艺术家型投资大师尼古拉斯·伯格鲁恩，在能源投资方面也十分成功。他同样将能源市场当作新兴投资市场，认为它会有丰厚的回报。而在操作上，他与理查德·雷恩沃特又有很大不同。在油价飞速上涨时，尼古拉斯·伯格鲁恩开始研究替代能源，准备投资能发展得更远的替代能源产业。

对展示财富已毫无兴趣的尼古拉斯·伯格鲁恩，将投资方向对准了对社会最有价值的项目。他宣布把一半的资产捐给巴菲特和盖茨发起的慈善活动，自己所做的事都是为了最终把资产捐出去。

投资能源产业既是在获得财富，也是在为人类获得可替代资源作贡献。在油价飙升时，他意识到不可再生资源石油总会枯竭，所以准备投资能够替代石油的资源产业。乙醇可以作为燃料，所以乙醇工厂成了他的投资选择。经过锲而不舍的谈判，他收购了美国西海岸最大的乙醇工厂——俄勒冈州 Port Westward 的 Cascade Grain 乙醇工厂。

然而生产乙醇耗费了大量的粮食，全球的粮食都无法满足燃料生产和人们的日常食用。于是尼古拉斯·伯格鲁恩又计划投资农业，生产更多的粮食。很快，一个由一流专家组成的团队成立了，他们主要是研究如何提高农场的效率和产量。

要提高农作物产量，首先要选择合适的地方。尼古拉斯·伯格鲁恩在专家的建议下，选择了地广人稀的澳大利亚，准备在那里种植大量农作物，用以满足生产和食用的需求。不能不说他这种投资是在造福人类。

他在澳大利亚购买了几十万亩土地，种植了谷物。他的目光是面向全球的，因此又与很多国家的政府磋商，购买或租用更多土地，用来种植木薯、玉米、稻子、橄榄和其他农作物。

把社会责任放在第一位的尼古拉斯·伯格鲁恩相信，投资可替代能源产业可以解决社会问题，解决政府的难题，也能为人类带来更多资源；他也相信，市场是解决这些问题的最好的元素。尼古拉斯·伯格鲁恩是带着社会责任感在寻找商机，甚至可以说，他为人类造福，同时也为自己创富。

灵活运作，无招胜有招

巴斯投行的投资大师们，投资出其不意，手段灵活，关注别人注意不到的领域，小投入、大产出，从中获得了高额利润。亿万富豪汤姆·巴拉克和大卫·邦德曼投资手段都十分灵活，他们善于把握特别的项目，并随实际情况而改变策略。

投资策略独到，所得回报惊人

汤姆·巴拉克没有经营过上市公司，也没有为自己的上市公司融过资，他在投资界的威信是通过投资房地产树立起来的。他投资的灵活性是业界公认的。他选择自己有优势的领域，比如房地产是他最熟悉的行业，所以他的投资主要针对房地产领域。投资后，他用高效的管理方法来改造企业，使资产翻倍。

他曾在美国前总统尼克松的私人律师赫伯·卡尔巴赫的事务所工作，接触过很多大项目。他曾代表美国最大的建筑商福陆公司（Fluor Corp.）在沙特阿拉伯关于合同进行过几个月的谈判，从中对房地产行业有了深刻的认识，谈判能力也得到了很大提高。

1976 年，汤姆·巴拉克从沙特阿拉伯回到美国后，到一家工业和写字楼停车场开发公司工作，在那里他开始真正接触了建筑行业。关于如何看建筑图纸，如何区别写字楼与仓储物业的建造成本，如何计算每英尺土地应该付出的价格等，他都会亲自去做，因此掌握了各种关于建筑规划的知识。因为和巴斯投行有合作项目，鲍勃·巴斯看中了他清晰的逻辑思维能力、娴熟的专业技能、富有远见的判断力，将其招聘到巴斯投行，让其负责房地产项目的投资。

1987 年 10 月 19 日，美国股市崩盘，那一天是很多美国人印象深刻的"黑色星期一"。当时，他正准备收购威斯汀的连锁酒店，对方要抬高价格，但他要降低价格。而"黑色星期一"这一天，威斯汀的股价急速下跌了 30%，汤姆·巴拉克看到了谈判的有利条件，出价 13 亿美元让威斯汀同意他的收购，还给对方施压说，对方董事会拖延一天，收购价格就会减少 2500 万美元。

威斯汀连锁酒店的董事会在股价持续下跌的情况下，自然不愿意放过汤姆·巴拉克给出的相对较好的价格，为了不损失更多，他们当天就将连锁酒店卖给了汤姆·巴拉克。收购后是紧锣密鼓的管理与运营。汤姆·巴拉克保留了只出资 2.5 亿美元的广场酒店，将其他酒店的房产卖给了日本的合作伙伴。很快，广场酒店被其以 4.1 亿美元的价格卖了出去，从中获得了 1.6 亿美元的差价。

这次收购不仅让业内人士看到了汤姆·巴拉克的实力，他自己也信心大增，有了自己创业的想法。

1990 年，汤姆·巴拉克从巴斯投行辞职，成立了柯罗尼公司（Colony Capital），开始了自己的房地产投资事业。

他的公司成立时，房地产投资商大多在房地产投资信托基金（REITs）领域努力，试图找到合适的租户，让项目有稳定的 7% 或 8% 的年回报率。而汤姆·巴拉克的做法却很不一样，他以低价购买物业，进行改造，再以高价卖出去。这样虽然投入多，却可以获得高额利润。他在全球寻找被低估的房产，将其收购后再进行改造。与其他投资人长期持有的做法不同，他的持有时间不会超过五年，这样做主要是因为这样的项目风险比较大。这种投资策略的回报率，是通常所见投资方式回报率的两到三倍。

汤姆·巴拉克眼光独到的特性为人们所称道，他曾经收购过日本福冈圆顶棒球场。而收购的主要原因是，他看中了体育场屋顶所使用的可回收钛，这确实是很多人不会有的想法。他计算过，可回收钛的价值高于他收购整座球场的资金。事实证明他是对的，这个项目不赚钱哪个项目会赚钱？其他几个特别的项目也一样，都因为他特别的判断力而获得了丰厚回报。他收购纽约的广场酒店，获得 1.6 亿美元的利润；收购伦敦索威连锁饭店，获得 2.7 亿美元的利润。

从 1990 年开始，他的房地产投资公司每年的回报率都达到 21%，扣除各种费用后，公司返还给其投资者的回报率达 17% 之高。

除了投资房地产项目，汤姆·巴拉克还投资不良资产，而且因此获得了高额收益。柯罗尼公司是他第一个收购的储蓄贷款不良资产的公司。

大多数投资者都不愿投资不良资产，因为收购程序很复杂，有时还会牵扯到政治敏感问题。所以，汤姆·巴拉克的眼光与魄力确实是很多同行所不能企及的。这么做是因为他清楚，风险越大回报越高。在悬崖上取金子的事情，他是愿意尝试的。

在创业初期，一家信托公司有价值 3500 亿美元不良贷款，这些资产多数以房地产项目抵押。那是 1991 年，汤姆·巴拉克出价 10 亿美元，买下该信托公司旗下所有的不良贷款资产，完成了柯罗尼公司的第一笔大型不良资产交易，此次收购的价格与价值差距之悬殊一目了然。

对那些不容易卖出去的不良资产，汤姆·巴拉克将其组合在一起，让购买者以分期付款的形式购买，从而渐渐消化了那些资产。

从 1991 年到 1995 年，汤姆·巴拉克收购了大量不良资产，有段时间，柯罗尼公司的不良资产比美国储蓄银行还要多。汤姆·巴拉克并不为那些以房地产项目做抵押的不良贷款套现发愁，他觉得那是十分容易解决的问题。他每天都和想赎回房产的业主见面，那些人积极地与他讨论偿还贷款的事。到了 1995 年，不良资产交易带给了汤姆·巴拉克 25 亿美元的利润。

有眼光，有方法，灵活运作，是汤姆·巴拉克为人们所公认的特性，他被认为是世界上最出色的房地产投资家之一。汤姆·巴拉克的能力，让他掌管的房地产资产和相关业务资金超过 250 亿美元，让资产包括亚洲的莱佛士连锁酒店、阿迦罕在意大利撒丁岛的度假胜地等的柯罗尼资本集团，发展成为美国最大的私有房地产投资公司。

大胆授权，"汉堡王"重现辉煌

"收购艺术家"大卫·邦德曼也和汤姆·巴拉克一样有着灵活的收购手法，他曾多次巧手运作，积累起巨额财富。

大卫·邦德曼的德克萨斯太平洋集团（TPG）虽然与其他私募基金公司一样，用募集来的养老基金和私募资金作投资，但其运作手法很不一样。他通过复杂的资金运作和重组交易，将收购来的公司作全新的改造，让其变成良好运转的公司，然后再以高价出售。大卫·邦德曼并不像其他投资人那样参与已收购公司的日常管理，而是建立新的管理团队，授权给管理层，让他们全权管理，TPG 集团作为股东，控制公司的管理与运营。

大卫·邦德曼曾收购了餐饮连锁巨头汉堡王公司（Burger King），

这是他的一次得意操作。

从 2002 年开始, 大卫·邦德曼从麦当劳业绩的上升趋势中预见到快餐业将重新兴起, 所以准备投资餐饮业。此时, 因竞争激烈, 汉堡王公司陆续关闭了一些分店, 在全美国的销售额急剧下降, 名次已经降到了第三位。

大卫·邦德曼知道汉堡王公司是一个可运作的公司, 经过数次谈判, 他以 15 亿美元将其收购。然后他给管理层注入新鲜血液, 让大陆航空公司的前总裁雷格·布伦纳曼出任 CEO, 替代汉堡王原 CEO 布拉德·布卢姆。

雷格·布伦纳曼善于解救企业于危难之间, 这就是大卫·邦德曼看中他的原因。他曾经让濒临破产的大陆航空公司转回正轨, 把普华永道咨询公司以 35 亿美元的价格卖给 IBM。而且两人当时已经认识十多年, 是很有共同语言的朋友, 因此大卫·邦德曼说服了雷格·布伦纳曼加盟。雷格·布伦纳曼找到了汉堡王公司营销方面的问题, 并采取措施进行改进。经过这些努力, 汉堡王公司的销量从持续下滑变为了上升, 仅用了两年时间, 这家公司已经成为一个充满活力、大有希望的公司。

大卫·邦德曼还曾投资批发发电公司, Texas Genco 就是其中的一个。2004 年, TPG 与几个私人股本合作伙伴以 38.7 亿美元收购了总部位于美国休斯敦的 Texas Genco。大卫·邦德曼将这家公司与公司的债务一起出售给了一家能源公司, 收获了转让费 83 亿美元。

2005 年, TPG 投资的公司总收入超过 350 亿美元, 交易额较 2004 年同期增长 577.9%。紧随其后的 2006 年, TPG 完成了 17 宗并购交易, 交易总价值超过 1010 亿美元, 凭此业绩战胜了黑石集团和 KKR, 成为当年全球交易量最大的收购集团。其竞争对手黑石集团参与的全球交易价值为 930 亿美元, 贝恩资本参与的交易总额为 850 亿美元, 在欧洲居首的 KKR 则完成了 780 亿美元, 所以 TPG 的交易价值居全球之首。

大卫·邦德曼这个收购艺术家，以其灵气获得了无数好项目，他运用其灵活的运作手段，让 TPG 的业绩越来越好。

自我提升的路没有尽头

不断学习、善于沟通、同时处理多项任务，在巴斯投行，人们培养了这样的能力。大卫·邦德曼、吉姆·库尔特和汤姆·巴拉克都拥有这些能力，他们在自己后来的事业中充分利用了这些能力。

善于发现问题，敢于冒险

投资家和魔术师有着相似之处，德克萨斯太平洋集团的创始人大卫·邦德曼就是魔术师般的投资人，他总是能游刃有余地同时做很多事。他快速而准确地吸收信息的能力令身边的人折服。他的尖锐和幽默常表现在财务会议上，甚至能通过财务文件上的一个脚注中看到问题，这让财务人员十分紧张。

大卫·邦德曼也是个敢于冒险的人，这主要是因为他有着独特的判断力，在市场低迷时进入市场是他通常的做法。在 2000 年初至 2001 年 9 月的近两年时间里，他没有做过一次收购交易，等着价格下降后再出手。"9·11"事件后，大卫·邦德曼开始行动，参与"9·11"事件后第一个宣布破产的企业——美国航空公司的竞标，之后又收购了面临破产的全球第三大芯片厂 MEMC。

历史上规模最大的 PE 收购案，就是大卫·邦德曼于 2007 年 2 月底完成的。德克萨斯太平洋集团（TPG）与另一家名叫 KKR 的公司合作，将美国最大的公用事业公司之一 TXU 收购，打破了黑石集团在当月初以 390 亿美元收购 Equity Office Propertie 的纪录，成了历史上规模最大的 PE 收购案。

德克萨斯太平洋集团（TPG）曾在一年内完成了规模逾 1000 亿美元的交易，成为国际私募界的霸主，大卫·邦德曼是名副其实的"投资魔术师"，这源于其独到的眼光与迅疾的行动力。

TPG 幕后英雄发明杠杆收购交易

德克萨斯太平洋集团的另一位创始人吉姆·库尔特是集团的幕后英雄，在金融危机爆发后走向台前，成为缓解危机的重要人物。

与大卫·邦德曼的经历相似，吉姆·库尔特也曾在巴斯投行工作，后来任 Keystone 公司副总裁。1993 年，吉姆·库尔特和威廉·皮瑞斯及大卫·邦德曼创办了德克萨斯太平洋集团（TPG）。

因为大卫·邦德曼能力出众，又比较活跃，所以长时间以来内敛低调的吉姆·库尔特在幕后运作，而 2008 年的金融危机将他推了出来。

2008 年 4 月，德克萨斯太平洋集团向华盛顿互惠银行（Washington Mutual）注资 13.5 亿美元，到 2008 年 9 月，房屋抵押贷款的放贷人受到不良房贷影响，华盛顿互惠银行因此面临严重危机，几近破产。2008 年 9 月，美国储蓄管理局宣布，"由于资金流动性不足，无法履行债务，华盛顿互助银行处于不安全、不稳固的状态，不适合做交易"。德克萨斯太平洋集团的股票因此不名一文，整个集团陷入了困境。

这一结果是投资失误造成的，因为投资互惠银行时，美国的房地产市场已经开始下滑，而华盛顿互惠银行在次级抵押贷款方面的投资受信用损失、非法拍卖地产及次贷市场中的坏账的严重影响，资产已经有大幅度的贬值。投资时，德克萨斯太平洋集团没有正确地估计当时的形势，认为不良影响很快就会过去。不料次贷危机汹涌而来，雷曼兄弟破产后，华尔街金融机构全线崩溃，华盛顿互惠银行在抵押贷款方面损失惨重，入不敷出。

吉姆·库尔特出面全力解决这个问题，通过沟通和运作，他让美国联邦存款保险公司（FDIC）进入了华盛顿互惠银行，返给了股民信心。后来通过美国联邦存款保险公司的运作，将华盛顿互惠银行的银行业务以 19 亿美元的价格卖给了摩根大通公司，这个烂摊子就这么出手了，德克萨斯太平洋集团从此不再为这一危机忧心。

金融危机正泛滥时，吉姆·库尔特敏锐地找到了德克萨斯太平洋集团的经营方向。从 2008 年开始，因为次贷危机借债成本提高，进入债务融资市场难度非常大。吉姆·库尔特分析了当时的形势，根据客观情况提出私募股权投资公司应该采用杠杆收购交易。

杠杆收购（LBO），实质上就是举债收购，正是企业兼并的一种特殊的形式，即以债务为资本进行融资，通过目标公司的举债向股东买公司股权，这些债务资本大多以被并购企业的资产为担保而获得。他用财务杠杆加大负债比例，用较少的资本融到了数倍的资金，然后对企业进行收购、重组，让企业重新具有盈利能力，然后再把企业出售或集团自行经营。

当然这种交易不可能有传统交易那么高的收入，而变成了 2006 年和 2007 年的数百亿美元的零头。但能有 30 亿美元到 50 亿美元的稳定收入，在金融危机时也算是十分成功的运作了，而且德克萨斯太平洋集团的规模也一直在增长。

债务融资市场渐渐恢复后，吉姆·库尔特对杠杆收购交易更有信心了。他说："更大规模的杠杆交易会在市场上重新出现，出现一项 100 亿美元到 150 亿美元的交易也是可能的。即使你并不希望作这项交易，也认为不应该这样做，但是资金是可以用的。"

2011 年，德克萨斯太平洋集团的吉姆·库尔和大卫·邦德曼受命加入破产后的通用汽车董事会，这说明私募股权公司还是被认可的。而吉姆·库尔和大卫·邦德曼也将在此领域发挥更大的作用。

"危机富豪"用股份控制资本，安全获利

汤姆·巴拉克被称为"危机富豪"，他是少见的不借助背景，完全靠个人能力成长起来的超级富豪。

由于房地产业的迅速发展，人力和建筑材料都有被过度开发，国际石油价格的增长也让房地产其他材料价格提高。各种基金和投资者争相投资相同的物业促使投资价格提高，房地产已经不是很容易投资的行业了。汤姆·巴拉克曾计算过，当时高质量物业的回报率只有5%到6%，和当时的债券回报率差不多。

而"危机富豪"总能在不利条件下找到有利方法，他将目光投向欧洲和亚洲的投资市场，尤其重视中国的房地产市场。

汤姆·巴拉克的柯罗尼资本集团进入了中国投资市场。与其他投资者不同，他没有用竞标的方式购买资产管理公司的资本，而是选择规模小的资产，先获得足够的股份，以拥有部分控制权，使资本升值。

他在中国的第一个项目是与上海实业集团合资成立了扬子投资基金，收购濒临破产的中国公司、不良贷款及股份。上海是扬子基金的主要投资地，汤姆·巴拉克主要做的工作是帮助拥有房地产资产却又拖欠贷款的上海中小型公司与债务公司沟通，使这些公司得到更多信任。在汤姆·巴拉克的带领下，扬子基金第一轮融资便共筹集资金约1亿美元。通过债转股和证券化，汤姆·巴拉克成功地走进中国债务市场，让其资本迅速升值。

特立独行总能让那些能力超群的人成功，汤姆·巴拉克因其独特的选择一次次实现了目标。

好声誉也能用来投资

那些从巴斯投行走出来的富豪们十分重视自己在社会上的声誉，这也是巴斯投行告诉他们的投资真谛，因为良好的声誉能带来更多机会。这些巴斯投行的"打工仔"坚持这个原则，并将其应用于实践。德克萨斯太平洋集团的大卫·邦德曼和柯罗尼公司的汤姆·克拉克都是这样的人。

有好的口碑，天上掉下机会

德克萨斯太平洋集团（TPG）在投资界拥有良好的声誉，在进行资产重组、融资收购等方式控股，管理位于美国、加拿大和西欧的金融及非金融企业等业务中，TPG 都十分注重信誉和操作的科学性，因此赚得了好名声。德克萨斯太平洋集团（TPG）参与到更多的项目中，投资涉及技术、通信、消费品、医药、航空、石油天然气、食品和奢侈品等领域，在竞争激烈的市场中保持住有利地位主要因为其良好的声誉。其在中国也是如此。

作为投资家的新兴趣点，中国越来越受到关注，大卫·邦德曼带领德克萨斯太平洋集团在中国紧锣密鼓地寻找项目。大卫·邦德曼在中国享有盛名，中国的很多专家都分析过他手中掌管的高达 300 多亿美元的资产，这也是 TPG 在中国投资能大获全胜的原因之一。

为了在中国投资，大卫·邦德曼竭力得到中国人的认同，甚至给自己取了一个中国名字——庞德文。他在中国建立了良好的人际关系，和很多商人成了朋友，他还会去拜访政府相关部门负责人，后来成为

"2007 年广东经济发展国际咨询会" 的嘉宾。

大卫·邦德曼在中国金融界很快打开了局面，第一个项目就是和新桥投资一起投资联想集团。成立于 1994 年的新桥投资（Newbridge Capital LLC)） 是 TPG 和另一个私募基金 Blum Capital 共同组建的，拥有 17 亿美元的资本，其业务发展到了韩国、澳大利亚、印度、日本等国。

1999 年，新桥投资曾战胜汇丰银行，以 4.16 亿美元收购了韩国第一银行 51% 的股权。2005 年初，这家被重组的银行被成功卖给渣打银行，价格为 33 亿美元，获得了大约 28 亿多美元的利润。

投资联想集团是天上掉下的机会，但也不能不说是 TPG 的良好口碑所带来的。联想集团准备收购 IBM 的全球 PC 业务，他们需要找一个合适的投资者处理收购后的事情。联想当时想到的就是 TPG，因为 TPG 集团市场运作经验丰富，也十分了解中国的情况。TPG 集团于 2005 年 3 月联合新桥投资、General Atlantic 向联想集团投资 3.5 亿美元，协助联想收购 IBM 全球 PC 业务。

TPG 派专人在一年内帮助联想改善供应链，与采购等方面相呼应，选择好的管理制度和管理者。TPG 针对联想要整合的 6 个关键领域，采取了 50 多项改进措施，此举为联想节省成本 10 亿多美元。

TPG 此次与联想合作收获甚丰，不仅收获了财富，还收获了人才。联想集团的 CFO 马雪征，在此次合作后进入 TPG，成为一名董事总经理，后来也成了 TPG 的一员干将。2009 年 8 月，经过马雪征的努力，TPG 和弘毅投资、联想控股联合入股中国连锁销售商巨头物美商业，获得了物美总股本的 10.9%，其中 TPG 占有 6.17%。

TPG 在中国的投资成功案例很多。2007 年 3 月，TPG 旗下的基金，向云南红酒业注资 1500 万美元；又在 2009 年 6 月入股达芙妮国际，注资 5.5 亿元人民币。

一向低调的大卫·邦德曼，在中国的名气渐渐和黑石的史蒂夫·施瓦茨曼、KKR 的亨利·克拉维斯等竞争对手不相上下了。在大卫·邦德曼的带领下，德克萨斯太平洋集团（TPG）在中国成功投资了大量项目，成为了真正的大赢家。

被明星信任，做活"梦幻庄园"

2005 年，汤姆·巴拉克被《财富》杂志评为"世界最伟大的房地产投资商"，他的笑脸照也出现在《财富》杂志封面上，汤姆·巴拉克无愧于这个评价。

1990 年，汤姆·巴拉克创办柯罗尼公司，15 年时间，他给投资者带来了 21% 的收益。

2008 年，汤姆·巴拉克的运作能力得到广泛认可，处理危机的能力让他得到很多人的信任，很多陷入危机的明星找他处理自己名下的房产。帮助明星处理房产、破产或陷入困境的资产成为他开辟的新的投资领域，他通过再次包装来获得利润。

在这一领域，汤姆·巴拉克做的最成功的项目就是接管了杰克逊的"梦幻庄园"。

当时，迈克尔·杰克逊已经 13 年没开过演唱会，有 2.7 亿美元的债务，债主已经不想再给他时间，准备在五天内拍卖作为抵押的"梦幻庄园"。于是杰克逊请了汤姆·巴拉克来处理自己的财产。

汤姆·巴拉克拜访了杰克逊，进入庄园时，他看到了没有割草、房子很旧、散发着霉味的庄园，他当时觉得这个生意没法做。汤姆·巴拉克与迈克尔·杰克逊聊了半个小时，他被杰克逊征服了，他们谈话的内容主要是杰克逊的音乐，他发现杰克逊真的是个天才，他记住歌名的同时，把每次表演的内容、表演日期、每张乐谱都记得十分清楚，是绝对敬业的天才艺术家。他决定帮助杰克逊度过这场难关。

汤姆·巴拉克说服杰克逊的债主推迟杰克逊的还款时间。争取到时间后，汤姆·巴拉克开始清理杰克逊的账，废寝忘食地研究拯救杰克逊的方案。方案一出台就被推翻，最后团队得出结论，让杰克逊走出危机的唯一办法是让他重新出来赚钱。

汤姆·巴拉克把这个解决方案告诉了杰克逊，开始的时候杰克逊很犹豫，作了三天思想斗争后他决定复出。汤姆·巴拉克与杰克逊达成了一个协议，柯罗尼公司接管"梦幻庄园"，投资基金策划回归音乐会。

随后，汤姆·巴拉克的团队开始重修庄园，他们修地板、种草地、在湖里放了更多天鹅，也重新放置了杰克逊的雕像——他挥舞长枪，打扮成海盗模样，像用来吓唬山狗的稻草人一样。庄园里有杰克逊留下的独特景象，舞蹈室里有一盏球形灯照着地面，地下有一个亮点，是杰克逊练习跳舞时磨出来的。大象馆像一个迷宫，墙上贴满了世界各地来访者的感想，最有旧时生活痕迹的是很多儿童嬉戏的铜像。

汤姆·巴拉克团队正在执行重修庄园和让杰克逊复出的计划，出人意料的是，在演唱会开始前 18 天，杰克逊因为服用镇定剂过量去世了。

本来是一场巨大的打击，不料事情又发生了逆转，杰克逊死后，全世界掀起了纪念杰克逊的热潮。电台播放他的歌，电视播放他以前表演的内容，杰克逊的价值竟然大大提升了。以杰克逊回归演唱会为内容的纪录片《就是这样》在全世界巡映，收入达 2.61 亿美元，创造了音乐会电影的最高纪录。"梦幻乐园"也签下很多合作协议，都带来了巨大的收益。

杰克逊的财务危机变成汤姆·巴拉克的巨大危机后，又奇迹般地变成了汤姆·巴拉克的巨大机会，这一巨大收益被他成功地把握住了。汤姆·巴拉克还做成了其他很多项目，他拥有 Neverland 一半的产权，拥有摄影家安妮莱博维茨照片的部分版权及巴黎圣日耳曼足球队和米拉麦克斯电影公司。他因实力而有名气，又因为名气而不断得到获取财富的机会。

有一种关系网，叫投资关系网

在巴斯投行，那些优秀的投资者们明白了人际关系是投资网络中十分重要的因素，在商界和社交界的关系能带来很多的机遇，能帮助自己开辟出以前不曾计划的投资领域，发现新的投资项目。

良好关系网成中国市场的"敲门砖"

德州太平洋集团（TPG）的首席执行官吉姆·库尔特非常了解中国市场。在中国生活多年，他建立起了很好的关系网，因为他知道关系对投资事业非常重要。

他曾经一大早去拜访上海市委书记俞正声，和他像老朋友一样开玩笑。俞正声曾经对吉姆·库尔特说："你们75%的年增速太厉害了，我们上海年增速只有8%。"

中国市场对TPG非常重要，是美国之外的第一投资战场。在中国，TPG经历了三个阶段，首先是投资中国制造业，联想是典型的客户；第二个阶段是投资中国的金融机构，比如深圳发展银行；第三个阶段是普通消费企业，比如达芙妮、广汇汽车、物美零售等。吉姆·库尔特曾经说过，中国市场的投资额占TPG全球范围的10%左右，而利润所占比例却远远高于这个数字。中国的市场价值也是他注重与中国商界的人和组织建立起关系的原因。

德州太平洋集团（TPG）想在中国扩大投资领域，这需要在中国境内建起一支投资支柱，外资人民币基金因此在中国设立了。

2010 年 8 月 23 日，吉姆·库尔特代表德州太平洋集团（TPG）与浦东新区政府签订合作协议，内容为 TPG 在浦东设立首支人民币基金——德太中国投资基金。这是 TPG 在中国的首支人民币股权投资基金。和黑石一样，TPG 首期基金规模目标为 50 亿元人民币，计划在未来几个月启动资金募集计划，启动后投资基金将成为 TPG 在中国境内投资的支柱。

"德太中国投资基金"改变了 TPG 在中国主要投资大中型企业的风格，而转向投资那些既有些规模、又有发展潜力的企业。吉姆·库尔特设立的人民币基金不仅计划在国内投资，也有去海外投资的想法，因为很多中国企业到海外发展，需要这种基金的投资。未上市的公司和上市公司都是德太中国投资基金的投资目标。除股权投资外，也有企业债券投资。

吉姆·库尔特成立的这支人民币基金用的是中国的团队，其中有 TPG 亚洲投资的前身——新桥资本的人，有 30 多位本土投资专业人士。TPG 希望把管理当成增值的业务，寻找投资控股权以及董事会的席位，虽然这并不容易，但这是他们一如既往的努力方向。

已经拥有完备人际关系网的吉姆·库尔特对在中国的投资很有信心。2010 年 8 月，国家放开国内保险公司投资未上市企业股权及相关金融产品。在发改委申请备案，期望获得全国社保基金和养老金投资资格的人民币基金有 20 多个。外资人民币基金需要与有本土国资背景的机构合作，才能获得全国社保基金等的投入。TPG 与陆家嘴基金进行了合作，主要的投资人包括社保基金和保险公司。

认识一个朋友，打开一片市场

汤姆·巴拉克也是个善于经营人际关系的投资家。2008 年汤姆·

巴拉克伙创立了媒体娱乐投资基金，将娱乐作为投资新领域。汤姆·巴拉克与人合伙购买了迪士尼旗下的米拉麦克斯公司。

米拉麦克斯影片公司是由鲍勃·温斯坦和哈维·温斯坦兄弟于1979 年在美国纽约成立的，作品是一大批优秀的独立制作的电影，包括《性、谎言和录像带》《低俗小说》《莎翁情史》和《芝加哥》等。米拉麦克斯影片公司在 20 世纪 90 年代成为独立制作运动的领先者。米拉麦克斯 1993 年被出售给迪士尼公司，价格为 8000 万美元，业务依然是独立的。2005 年 9 月，温斯坦兄弟因与迪士尼高层管理理念不同而离开了公司。2008 年初，迪士尼对米拉麦克斯进行了大规模调整，采取了减少业务、裁员、将影片宣传、发行和行政管理权收归公司等措施。

迪斯尼一透露出要卖掉米拉麦克斯的信息，就有很多公司抢着要购买，温斯坦兄弟也在竞争行列中。一个朋友建议汤姆·巴拉克买下米拉麦克斯，米拉麦克斯可以称作一个很大的档案馆，是一大笔资产，不受变幻无常的潮流的影响。

迪斯尼公司对温斯坦兄弟更有信心，希望他们能在投资者罗恩·伯克的帮助下把它买回去，汤姆·巴拉克因此搁浅了收购计划。没想到后来温斯坦·伯克团队把出价从 6.25 亿美元降到了 5.75 亿美元，汤姆·巴拉克的机会来了，他与罗恩·塔特合作以 6.1 亿美元购买了米拉麦克斯影片公司。建筑业大亨罗恩·塔特与汤姆·巴拉克是好朋友，他们一拍即合，成功完成了这场收购。

汤姆·巴拉克利用自己在商界的关系使 Google 和 Net flix 都跟米拉麦克斯签订了数字版权协议，同时策划了很多方案。他开了一个米拉麦克斯有线频道，又建了一个网站，做了视频点播，创立了米拉麦克斯制作室。米拉麦克斯在他的经营下重新焕发了活力，仅用两年半的时间，米拉麦克斯就实现了收支平衡。

　　汤姆·巴拉克曾因认识一个新朋友就发展了瑜伽项目，这个人就是莱尔德·汉密尔顿，他们是在一个年度投资大会上认识的。莱尔德·汉密尔顿是个冲浪运动员，他的妻子布莱尔·里斯是一位职业排球运动员，两人都是体育界的名人。刚认识莱尔德·汉密尔顿时，汤姆·巴拉克正在筹划私营电视频道、欧洲的足球队、体育馆和版权交易等项目。自从交下了这个运动员朋友，汤姆·巴拉克开始筹划进军体育和娱乐业。有时候一个朋友就让他打开了一片市场。

　　因为莱尔德·汉密尔顿夫妇，汤姆·巴拉克又认识了瑜珈大师比克拉姆·钱德瑞。两人相见恨晚，马上签约合作。汤姆·巴拉克帮助克拉姆·钱德瑞把数千个"授权"工作室转成"特许经营模式"，在全球范围内推广瑜伽，瑜伽很快便风靡了全球，汤姆·巴拉克因此收获了巨额收益。

　　人脉关系对于投资者来说十分重要，汤姆·巴拉克将其运用得十分熟练。因此他总能接触到新领域，并且收获巨大。

第 4 堂　历练课：
把专业素质变成实战能力

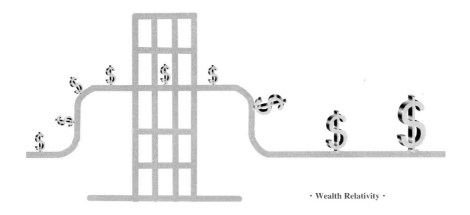

· Wealth Relativity ·

　　尽管高学历和财富之间并不存在必然的联系，在一所顶级院校获得硕士学位并非走上成功的必由之路，很多白手起家的成功者也没有显赫的教育背景。但不可否认的是，在顶级商学院取得 MBA 学位，能大大增加成功的机会。最重要的是，他们善于把专业素质变成实战能力。

从《福布斯》列出的 400 位富豪可以看出，金融界的富豪有一半的人取得了硕士学位，而这些硕士富豪有七成在常春藤大学联盟八所大学中的一所获得 MBA（工商管理硕士）学位。最盛产富翁的三所大学是哈佛大学、斯坦福大学以宾夕法尼亚大学。这种教育经历对一个人的影响积极、全面而深刻。他们将专业素养转化为能力，由此成为他们成功的重要因素。

将通识与专业紧密结合

很多富豪热衷于进入世界顶级大学的商学院学习、深造，这一举动也确实给他们带来了很多帮助。顶级商学院培养了他们的专业与通识素质，这些成为他们制订完美的事业战略的基础，让他们有足够的能力来应对瞬息万变的市场。据美国《财富》杂志调查分析，六成哈佛商学院 MBA 毕业生在美国最大的 1000 家大公司工作，两成哈佛商学院 MBA 毕业生做了美国 500 强企业的总经理。

尽管那些美国名校的考试要求极高，但还是有很多人愿意去竞争，因为被录取就意味着成功了一半，从此人生上升到一个新的高度。而且，进入这种学校就意味着可以和很多优秀的人交流，和他们交朋友。这样自己做事和思维的能力都能得到提高，应对挑战也成为家常便饭，有谁能说进入那样的学校不是是刺激、新鲜又有光明未来的事呢？

MBA 为欧美国家的人产生认同，很多人付出很多心血取得这个学位。MBA 毕业生们活跃于商界、工业界、金融界的大企业中，也活跃于银行和一些国际大公司里，他们多数都是公司的高层，是企业管理的重要力量，甚至可以说他们掌控了全球经济的方向。MBA 毕业生的天分与能力使 MBA 熠熠生辉。

成功的背后总有很多别人看不见的艰辛。在世界名校中，MBA 是最需要付出努力的专业之一，也是压力最大、竞争最激烈的专业之一。名校 MBA 进入的门槛本来就很高，课程安排的也很多，只有那些有领导能力、善于组织、意志坚定、拥有志向、基础良好的人才会被录取和顺利毕业。

他们在哈佛商学院没有晒太阳的时间

建立于 1636 年的哈佛大学是美国最古老的大学之一，370 多年的历史更增强了这个底蕴深厚的大学的权威性。哈佛的名气无人不晓，所以说"先有哈佛，后有美国"。如果哈佛大学是一条龙，那么哈佛商学院便是龙的眼睛，哈佛商学院让哈佛大学名气更盛，它让哈佛传统得到升华，为人们所热爱。1908 年，哈佛商学院成立，在企业管理方面，这个商学院有其独到的方法与特别的环境。100 多年来，它让很多人走入了完美的管理教育殿堂。

作为美国顶尖商学院，哈佛商学院总能吸引无数才俊，每年有6000 多人申请加入，而能被录取的大约为 13%，也就是 800 左右的人。不必说，如此激烈的竞争，保证了进入者的素质，录取的人都是有潜力、有能力、资质高的人。从哈佛商学院走出来的人，很多成了著名的企业家和政治家。在美国的 500 强企业中，有五分之一的高层管理人员毕业于哈佛商学院，他们在管理、沟通、市场和金融专业运作等方面都是能力极强的，得到的评价极高。那些著名的跨国公司不仅高薪聘请哈佛商学院的毕业生，而且还是提前半年就进行招聘，给他们高层管理的职位。

曾经担任哈佛商学院院长的金·克拉克在一次哈佛校友聚会上说，和他在一个教室上课的同学后来很多已成为声名显赫的人物。一个叫杰克的家伙后来成了先锋集团的总裁，他的全名是杰克·布里南。先锋集团是世界上最大的不收费基金公司，拥有 3700 多亿美元的资产。还有一个同学以前是橄榄球队员，名叫杰夫，现在已经是通用电气公司的董事长了，人们都知道他叫杰夫·伊梅尔特。而在他们的座位附近还有一个叫唐纳的，后来成了 Palm 计算机公司 CEO，他的全名是人们所熟悉的唐纳·杜宾斯基。哈佛商学院里有着众多未来的龙虎，他们中的太多人后来成了全球知名的成功人士。

人们不能不相信成功在优秀者之间是互相传递的，如果身边都是杰出的人，人们就会学习别人的能力、别人的信心，做事情就会很不一样。在哈佛商学院毕业生中，拥有 10 位数财产的富豪，很多曾经同一时间在学校里学习，也就是同届的同学。前纽约市长迈克尔·彭博和石油及银行界大亨乔治·凯泽都是 1966 年从哈佛商学院毕业的；同年，对冲基金经理布鲁斯·柯夫纳获得学士学位、私募基金风云人物大卫·邦德曼获得法律学位；eBay 的梅格·惠特曼和看空次贷的赢家杰弗瑞·格林都是 1979 年从哈佛商学院毕业的；阿波罗管理公司的莱昂·布莱克和黑石公司的汉米尔顿·詹姆斯在 1975 年获得哈佛 MBA 学位。

顶级的商学院从来不乏精英。正是这些精英们用实际行动诠释了"美国梦"，而且这样的行动一直持续着。这也是很多有志青年追求梦想，选择 MBA 的原因。1949 届哈佛 MBA 被《财富》杂志称为"令美元失色的班级"，而《时代》杂志则称他们为"哈佛最杰出的班级"。是什么让他们享有盛誉？数据表明，他们中的 45% 成了公司的 CEO，而这些公司都是员工达 86 万多人，年收入高达 400 亿美元的大公司，包括强生公司、施乐公司等世界顶尖企业。

哈佛商学院的毕业生出尽了风头，可以说有着无数风光的时刻。然而他们在学校做学生的时候日子可不那么好过，他们无时不在倾尽全力地努力着，如在哈佛流传的那句话："忙完秋收忙秋种，学习，学习，再学习"。没有更高的目标，就没有更好的表现。为了迎接未来的挑战，哈佛商学院的学生不断给自己补充能量。哈佛大学给学生的忠告是："如果你想进入社会后，在任何时候任何场合都得心应手，并且得到应有的评价，那么你在哈佛学习期间就没有时间晒太阳。"

哈佛商学院为两年学制，第一学年学习统一的必修课程，第二年学习专业课程。第一年的课程对任何学生来说都是压力巨大的，哪怕是十分优秀的学生。很多学生每天要学习到凌晨一两点钟，睡几个小时后再爬起来继续学习。第一个学期，让每个进入哈佛商学院的人都难以忘记，甚至可以说令他们恐惧。这一学期的课程都是必修课，任何人都不能弃权，哪怕是注册会计师也得上会计课。刚进商学院的学生对哈佛独特的案例教学法还很陌生，需要花费大量的时间作课前准备。对于非英语母语的留学生来讲，更是难上加难。所有的必修课几乎都必须在第一、二学期修完，谁都没有机会推迟难度大的课程的学习。因此，就是那些天赋很高，毕业后有巨大成就的学生，在开始的几个星期，也会怀疑自己的能力。最优秀的学生，在第一次期中考试时也会紧张到极点。

也正是因为这种高强度的学习，使得商学院的学生只要顺利毕业，就能经得起各种考验和磨炼。哈佛学生有一个明显的特点，就是能随机应变，根据实际情况有效地解决问题，他们方法巧妙、适应能力强，有着强烈的责任感和良好的价值观。他们喜欢独立负责某一方面的工作，并取得想要的结果。因为学校很好地训练了他们，使他们所掌握的信息远远超过了他们在实际工作中遇到的问题，所以他们总是能很有信心地完成工作，无论担任的是什么职务。

哈佛的挑战给了那里的毕业生很多的历练，那些都转化为他们的优势。他们把挑战当成乐趣，在完成一个个艰难的任务后，格外地有成就感。

专业催生斯坦福大学的"三驾马车"

斯坦福大学也是盛产亿万富翁的大学，在美国大学榜单中位列第二名，25 年在这所学校的毕业生中出现了 28 名亿万富翁。1925 年，斯坦福大学商学院（哥伦比亚商学院）成立，由校友赫伯特·胡佛发起，胡佛后来成了美国总统。目前斯坦福大学商学院是美国最难进的商学院之一，每年淘汰率为 93%。

严格的录取机制保证了学生的实力与能力。很多斯坦福毕业生在硅谷成就非凡，如杨致远在研究生在读期间创立了雅虎。同样毕业于斯坦福大学的谷歌的两位创始人谢尔盖·布林和拉里·佩奇的成就也人尽皆知。太阳微系统公司联合创始人维诺德·科斯拉和 Gap 公司的主席罗伯特·费舍是同班同学，两人毕业于 1980 年，获得斯坦福大学的 MBA 学位。

美国斯坦福大学有个知名的"三驾马车"，他们是毕业于该校的硕士研究生陈一舟、周云帆和杨宁，这三个人一起研究网上虚拟社区，在校读书期间创建了 ChinaRen 虚拟社区。

用这个名字，是因为它有着中西合璧的文化背景。站点名称是英文 China 和汉语拼音 Ren 的结合，体现了三位创始者融合了东方的传统文化和西方文明的想法。三个人在斯坦福读书的时候，就决心把 Internet 技术应用于中国本土，服务中国大众，创建 ChinaRen 网站就是出于这种想法。

陈一舟 1997 年进入斯坦福攻读 MBA，斯坦福对他的影响体现在了他的创业历程中。陈一舟说："如果我不去斯坦福，不去硅谷的话，可能我今天就不是在做 ChinaRen。"斯坦福是个神秘的地方，现在 IT 界的著名企业，如 HP、SGI、SUN、CISCO、Yahoo、Excite、eBay 等，它们中最好的都是由斯坦福大学的学生创办的。斯坦福商学院 15% 的 MBA 毕业生选择了自己创业，而不是给别人打工拿高薪。这个毕业生创业的比例，在全美商学院中是最高的。陈一舟正是这众多创业者中的一员。

陈一舟不仅在斯坦福大学商学院学到了很多的专业知识，培养出了良好的素质，还遇到了志同道合的合作伙伴周云帆和杨宁。周云帆和杨宁是陈一舟的校友，周云帆先学电机工程专业，后来又读了工业工程和工程管理专业，两个专业都是硕士研究生，后来取得了双硕士学位。

读书的时候，周云帆就对中国的 IT 行业作了很好的研究，对其现状、未来趋势和市场前景都作了很好的分析，有着良好的创业的知识储备。杨宁也是个校园名人，在学校的时候编写过很多游戏程序，在学校里传播得十分广泛。杨宁曾经在雅虎总裁杨致远工作过的实验室里作过网络开发和研究工作，而且完成得非常出色。他们就像在做成功接力，让我们看到了很多传奇故事。

周云帆和杨宁给陈一舟提供了巨大的帮助，三个有着共同目标的年轻人开创了虚拟社区建设的新模式。

商学院挑战精神成就"美国现代企业管理之父"

美国现代企业管理之父麦克纳马拉就是哈佛商学院毕业的，他曾任福特汽车公司总裁、美国国防部长、世界银行行长，他当然也获得了巨大财富，不能不说他的成功和他在哈佛商学院的学习关系很大。

1916 年 6 月 9 日出生于美国旧金山的罗伯特·史特朗奇·麦克纳马拉是哈佛商学院的毕业生，1939 年春从学院顺利毕业。

麦克纳马拉是个热衷于挑战的哈佛毕业生。他从哈佛毕业后到普莱斯沃特豪斯公司做会计。因为工作没有挑战性，麦克纳马拉不久就辞职了。1942 年 3 月，麦克纳马拉前往华盛顿接受军事教育，计划未来为桑顿设计"统计管制小组"的课程和工作去做更多事情。后来他在哈佛做了一年的教授助理，太平洋战争爆发后他就去支援前线了。

他被派往英格兰，生活条件一下差了好多，那里既没暖气，也没热水，只有德军的狂轰滥炸。麦克纳马拉加入桑顿的统计管制处，不能不说充满了挑战，他却能工作得有声有色。哈佛"挑战训练"对此作用巨大。

战争结束后，麦克纳马拉完全可以回哈佛做教授。然而，他选择了汽车行业，选择了福特。麦克纳马拉的能力很快表现了出来，他为福特公司立下了汗马功劳，取得了骄人的成绩，顺利地成为福特汽车公司总裁。

几周之后，当另一个更大的挑战向他招手时，他再次自信地迎上去，成为了美国国防部长。对麦克纳马拉而言这是全新的领域，前面一片险阻。麦克纳马拉把哈佛赋予他的"寻找挑战"的精神全部用上了，之后又担任过世界银行行长，让自己的事业达到了巅峰。

综合能力远胜于丰富知识

在顶级大学的商学院学习过的人之所以会拥有独特的魅力，也是因为他们在商学院时就注重把理论和实践相结合，将象牙塔和社会实践紧密联系起来。这样大学校园中既有纯粹浓厚的学术氛围和深厚的文化底蕴，也有包罗万象的实用社会课堂，有助于培养学生的综合能力。

MBA 学位注重综合能力的培养，希望学生是复合型人才，放到什么环境中都能发挥作用。同时也更加重视能力的培养，对于知识的教授仅排在第二位。MBA 要求学生面对问题时能迅速作出反应、判断能力强、有领导能力，能够应对随时出现的变化，在国际化竞争中为企业找到立足之地，能成为优秀的企业家或管理人员。

MBA 的课程包括管理类、经济学类、金融、财务、法律等，所培训的能力不仅包括组织能力、领导能力，更包括写作能力、语言表达能力、良好的沟通能力，而且还培养学生把握大局、敏锐地思考问题的能力、良好的判断能力和解决问题的能力，如果这些能力都具备了，一个人成功的几率自然会高出很多。而顶级商学院的价值就在于此。

"耐克"营销策略源自商学院课程启发

耐克的创始人菲利普·耐特曾在 1962 年获得了斯坦福 MBA 学位。菲利普·耐特读书时就有一个梦想，想拥有一个世界上最大的运动鞋企业，而这个梦想不是凭空出现的，这与他攻读硕士时所写的一篇论文有关。

那篇论文的内容是如何在运动鞋领域做一个小企业，在未来市场上战胜阿迪达斯。具体方法是利用廉价的劳动力生产一种低价、优质，也就是物美价廉的运动鞋，让这个品牌的鞋走遍全世界，成为人们心目中的优质品牌。

菲利普·耐特硕士毕业后，就开始为自己的梦想行动起来了。他到日本去拜访一家有名的运动鞋企业，那个企业擅长模仿阿迪达斯的产品，正符合菲利普·耐特的标准。他想成为那个企业的美国代理商，那样就可以积累经验创建自己的公司。经过深入的沟通，他说服了那家公司的总经理，成了那个品牌在美国的代理商。

很快，菲利普·耐特就和大学时候的田径教练贝尔·鲍曼合作建立了一家运动品公司，他们每人投资了 500 美元，将公司取名为"蓝带"，熟悉运动品牌的教练给了他很多建议。该公司主要做了一些推广活动以促进菲利普·耐特代理的日本运动品牌的销售。公司业务做得很好，几年后，蓝带运动品公司的销售额已达到 300 万美元。

有了资金，耐特进一步筹划自己的事业，多年在运动产品行业的经验积累已经足够了，所以他结束了与所代理的日本企业虎牌的合作，打造了一个自己的品牌。他用神话中胜利女神的名字给自己的品牌命名，因此 1972 年"耐克"诞生了。

菲利普·耐特在商学院的 MBA 课程帮助了他，"耐克"产品要很好的占领市场需要营销技巧，而菲利普·耐特用所学知识和之前的经验解决了这个问题。

1972 年夏季，美国俄勒冈的奥运会的田径赛场上，他们将目标锁定为运动员，让运动员穿上耐克产品，而不是仅仅作广告的投放。经过精心安排，几个最引人注目的运动员都穿上了耐克运动鞋，这一品牌立即引起了受众的注意，从而成功地走入大众视野。让运动员帮助促销产品成为耐克营销的一大主题，接下来的日子里，很多优秀的运动员都成了耐克的代言人，耐克品牌一跃成为世界知名服装品牌。之后，耐克的销量一度战胜了阿迪达斯，成为世界上最大的运动鞋企业，菲利普·耐特实现了读 MBA 时的梦想。

菲利普·耐特的经营策略可以说是在学校时学到的理论知识和商业实战经验的有机结合。人们都说，在学院里受过过多熏陶的人，在面对现实时往往会过于拘泥于理论，缺少实践的能力，然而在商学院永远不乏实践锻炼的平台。

实战经验练就了商界女杰

美国亿贝（eBay）的 CEO 梅格·惠特曼曾就读于两所顶级大学的

商学院。在学校的时候，梅格·惠特曼很善于利用资源，她不放过任何锻炼的机会，无论理论还是实践，她都掌握得很好，这为她之后在商界的成功创造了先决条件。

梅格·惠特曼1958年出生于美国纽约，她先后在普林斯顿大学和哈佛大学就读。本科毕业后，她成功考入哈佛大学商学院，攻读经济学硕士学位。多年后她所在的班级出来了许多杰出的人物，其中包括500强企业Staples公司的CEO罗纳德·萨坚特、纽约证券交易所的CEO约翰·塞恩、曾任美国劳工部部长的赵小兰、百事可乐的主席加里·马歇尔等。

顶级大学的商学院竞争十分激烈，像梅格·惠特曼这样天分很高的学生也常常感到有压力，然而她看到的更多的是学校带给自己的帮助。当她深深感触到学校和社会的紧密联系时，她是十分高兴的。所以梅格·惠特曼将学习的压力化作动力，很好地完成了学业。

毕业后的梅格·惠特曼曾在宝洁公司、迪斯尼公司等多家国际化大公司任职，这些为她以后成为商界女杰奠定了基础。她加盟了宝洁公司的客户服务部门后，接受了宝洁公司善于听从客户的意见，不断满足客户需求的理念，后来自己创业时，她把在宝洁公司学到的经验充分运用了起来，给企业带来了巨大帮助。在迪斯尼公司，梅格·惠特曼曾担任过消费产品行销副总裁，她负责开辟迪士尼产品的海外市场，从而对开辟海外市场轻车熟路，这成为eBay扩张的有利条件。梅格·惠特曼被称为"在线跳蚤市场霸主"绝非浪得虚名，她管理的公司市值曾一度达700亿美元。

顶级商学院将梅格·惠特曼领进商业的大门，使她拥有了很好的职业素养，她知理论，善实践，因此在商场上才能战无不胜。

心怀天下拥有高瞻远瞩的视野

顶级商学院还培养学生拥有高瞻远瞩的习惯。学校不仅传授给学员系统的商业理论知识和经营管理技巧，还培养了他们取得成功所必备的心态和胸怀天下的自信。顶级商学院在知识的顶峰让 MBA 毕业生们具有多元化和国际化的视野，对企业发展具有超凡的长远目光，也使他们在以后的工作中更愿意迎接新的挑战，探索新的未知领域。

有远见，成为油漆行业的引领者

克里斯托弗·霍格，这个曾任英国考陶尔德集团公司总裁的人，极富远见。当危机几次出现时，他都让公司走出了困境，这离不开高瞻远瞩的意识和个性化的解决问题的手段。他的远见和他在顶级商学院的学习有着密切的关系，是学院在一定程度上让他拥有了全局观和战略的眼光。

克里斯托弗·霍格 1936 年出生于英国。在英国牛津大学特里尼蒂学院取得文学硕士学位，在哈佛商学院取得工商管理硕士学位。可以说克里斯托弗·霍格"文武双全"。在还没取得哈佛大学的硕士学位之前，霍格也服过兵役。退役后，霍格毅然去了美国哈佛大学商学院深造。

哈佛商学院，可以说使他走进了一个生活的转折点。他从此进入了一个非英国文化的环境，并接受了极有效的商业教育。这种教育使他能在后来的企业生涯里节省了三分之二的学习时间，受益巨大。

霍格加入考陶尔德公司是在 1969 年，1970 年他被任命为公司海外办事处的主任。考陶尔德公司，其主要产品是涂在军舰上的保护漆，它的商业网遍布全球，规模一度增长很快。但在霍格进入此行业没多久，油漆工业生产增长很慢，很多人都失去了信心。为了快速扩张，考陶尔德公司曾并购了一些公司，那时霍格还没有进入公司。霍格进入公司后，刚并购的公司业绩和期望的差距很大，甚至整个企业状况都很差，霍格由此而面对了一个大难题。

但是霍格所受的高等教育帮了他大忙。他在哈佛大学所受的 MBA 教育培养了他掌握正确方法评估困难、制定策略去解决问题的才能。他认识到了油漆公司的长处就在于它拥有一个世界范围的销售网，于是他开始推动考陶尔德公司转变成一个专业经营的企业。

另一方面，霍格开始运用技术推动油漆生产发生变革的路线，帮助企业摆脱困境。他鼓励油漆技术开发，很快引起了一股技术研发的潮流，这推动了国际油漆公司的研发工作，因此精密技术引起了业内的重视。精密技术也可以用于服务，从而促进销售，使技术迅速转化为产品。在霍格的引领下，公司生产出了高质量的油漆新品种，船用油漆更是新品种中的新品种。很多新产品成为了消费者极为喜欢的产品，包括：自洁油漆、防污油漆、防锈油漆、湿面用油漆、速干高亮度油漆、丙烯酸油漆等，这些都为企业业绩的转变打开了局面。

有了产品就要找到销路，这是生产的最终目的，而市场要如何打开呢？

霍格为此进行了详尽的考察，经过周密细致的思考，他为新产品制订了合适的方案，他将新产品定位在工业市场上，方向定在海外市场上。在国际市场上，国际油漆公司的油漆主要销售给外国造船主或者购船者。新品种油漆上市后，国际油漆公司与整修的船只主人联系，和他们沟通，要为他们提供油漆，这样的方法给公司带来了很多客户。经过这样的经营式的转变，业务低迷的考陶尔德公司再现了生机，经过三年时间，油漆部盈利达 400 万英镑，霍格也因此成为业内的风云人物。

此外，通过自己在商学院的学习，霍格认识到了正规专业训练能开拓人的思路，养成统筹全局的观念。他在考陶尔德集团公司对经理和员工们进行了正规的商业经营训练，得到了"英国纺织工业救星"的美誉。

从哈佛大学商学院出来的霍格，想尽办法让考陶尔德的经理们回学校接受他当初在哈佛大学接受的那种培训。他实施了一个被称为"面向未来"的计划，他让约翰·斯托佛德教授接受了他的想法。1981 年，约翰·斯托佛德教授为考陶尔德公司开设了一个培训班，也就是第一期伦敦商学院培训班，这种培训改变了该公司管理层的守旧思想和行为模式。这种培训后来以各种形式继续了下来，为考陶尔德公司培养了很多有才能的管理者，从而有效地改善了公司的管理风格与状况。

北大商学院让牛根生更善于规划事业

在中国的顶尖大学中，北京大学造就和培养的亿万富豪是最多的。同时，与国外商学院类似的情况是，北大富豪校友就读的专业也大都集中在 MBA、经济管理等专业。

北京大学的商学院光华管理学院，也是一个有着很深厚的北大背景、人文底蕴的商学院。北大光华管理学院的 MBA 项目，注重长远的目光和对细节的把握，致力于提高学生驾驭全局的能力。

曾任蒙牛集团 CEO 的牛根生正是从北大学习后，走上成功创业道路的。

对于公司给的在北大学习的机会牛根生十分珍惜，尽管当时他用的是"教师进修证"，但是当他坐在比他年轻很多的同学中间上课时是十分开心的。他愿意骑着自行车穿梭在校园中，40 岁了还在教室里学习知识。这段经历不但没有让牛根生感到尴尬，反而让他摆脱了离开公司时的低落情绪，他在校园里思考人生，规划未来，畅想创业之路。正如牛根生的下属所说，牛根生从北大回来以后，想问题、做事情都和以前有了很多差别，变得更加成熟了。

从北大学习回来以后，牛根生开始创建蒙牛，同时他也更深刻的理解了竞争与合作，特别是与伊利的竞争关系。牛根生将竞争看作是一种个双赢，他认为竞争会促进发展。他说，你发展别人也发展，最后的结果往往是"双赢"，而不一定是"你死我活"。此后牛根生把伊利作为自己的竞争队友。

牛根生在管理上和营销上都有很多的成功案例。没有几个中国人不知道"蒙牛"这个品牌。蒙牛曾经一飞冲天，赞助了"神五"发射，而且做了成功的整合营销，在"神五"着陆时，凭借声名远播的"神五"发射事件，让所有人知道蒙牛牛奶是"中国航天员专用牛奶"，蒙牛的品牌美誉度迅速提高。事件营销是牛根生提升品牌价值的一个重要途径，这和他在北大的学习关系密切。

商学院教育总是能发挥作用的，牛根生的学习与反思在其创业和管理的实践中都起到了很好的作用，他在知识之巅规划了自己的事业，拥有了长远的目光。

拒绝传统智慧，走不寻常的路

创新是很多成功者的共性，这也是顶级大学商学院对学生的一种要求。顶级大学的商学院培养了学生的创新意识，这种意识让他们在激烈的市场竞争中找到了更好的路，从而完成挑战，实现目标。

"最伟大的金融思想家"创新不止

提到美国现代金融，人们总会想到一个人，那就是迈克尔·米尔。而这个现代金融史上举足轻重的人物曾就读于宾夕法尼亚大学沃顿商学院，并取得了 MBA 学位。他有很多美誉，"最伟大的金融思想家"是《华尔街日报》给他的称号，"垃圾债券大王"是他的另一个称号。后者缘于他利用杠杆式并购得到了高收益债券，从而赚得数十亿美元。善于创新是米尔肯十分突出的特点，他是 20 世纪 80 年代华尔街上的风云人物，他的行为总会吸引着人们的眼球，他的人生起落更能引起人们的感叹。

1946 年，迈克尔·米尔肯在美国加利福尼亚出生，在宾夕法尼亚大学著名的沃顿商学院毕业时，以全 A 成绩获得 MBA 学位，后来他成了一名债券分析师。商学院对于学生创新意识的培养让迈克尔·米尔成功地开创了属于自己的新天地。

创立于 1881 年的宾夕法尼亚大学沃顿商学院，被誉为现代 MBA 的发源地，也是世界上创立时间最长，名声最显赫的商学院。在各个主要的经济专业研究领域以及管理教育水平方面，沃顿商学院都是人们公认的好学校，而培养学生的创新精神、开拓意识是沃顿商学院的最大特色。

它是个成熟的商学院，在创建课程方面是领跑者。它是第一个设置企业家 MBA 课程的商学院，是第一个管理和外语双专业学院，是第一个开办了工商管理学硕士和双学位课程的学院，是第一个设置高级经理人全球课程的学院，是第一个设置完整的本科国际工商课程——Huntsman 国际研究和商务课程的学院。这些"第一"都体现了沃顿商学院的创新精神与创新实践，创新就是它的标志。

迈克尔·米尔肯从宾夕法尼亚大学沃顿商学院毕业后，开始了自己在金融史上的传奇经理。毕业后，他开始关注"垃圾债券"，并为此投资了 200 万美元。

所谓"垃圾债券"是根据穆迪公司和标准普尔公司制定的债券等级判断标准判断出的信用等级较低的债券。债券的等级取决于债券发行者按期支付利息和本金的能力，按期支付利息和本金的能力越高，债券的级别越高，反之则越低，如美国电话电报和 IBM 等顶级蓝筹股公司发行的债券为 AAA 级，而在等级评定中，那些债券等级被评为 BB 级以下就被人们称为"垃圾债券"。

20 世纪 70 年代初，BB 级以下的所谓"垃圾债券"在华尔街没有哪家投行会感兴趣，因为债券评级越低，公司为吸引投资者支付的利率就会越高。但眼光独到的米尔肯却对人们都没兴趣的"垃圾债券"情有独钟。25 岁时，大胆的米尔肯拿出 200 万美元投资了"垃圾证券"，在别人都认为这是个十分危险的举动时，他却兴致盎然、信心满满。因为他已经对"垃圾证券"有了深入的研究，对其产生了浓厚的兴趣。

米尔肯对"垃圾债券"的发行者也作了大量研究，他认为，这种债券的唯一问题是缺乏流动性。他不厌其烦，带着文件到处去说服别人，他告诉人们这种债券收益高，详细讲解，打消人们的顾虑，寻找自己投资的债券盈利的机会。事实证明了米尔肯对那些证券价值判断的正确性。

米尔肯的客户逐渐多了起来。开始的时候，人们投资这类股票是因为米尔肯惊人的个人能力。他的聪慧睿智令接触他的投资者折服，人们很容易相信他，按照他的建议去做。他的记忆力令人叹服，经过充分的准备，他和投资者交流时能说出谁手里的债券是多少、出价多高、到期收益率是多少，而且能分析得头头是道，由此得到很多人的认同。就这样，客户对米尔肯将"垃圾证券"转化为收益的能力有足够的信心，按照他的建议去投资。米尔肯自己在行业中的权威性也得到了极大的认可和传播。不久，他就成了美国金融界的名人之一。

米尔肯的新思路甚至在美国金融街刮起了一阵旋风。到 1977 年初，米尔肯"垃圾债券"的市场份额已经达到高收益证券市场份额的 25%。在他的推动下，"垃圾债券"不再是人们不屑一顾、躲之唯恐不及的产品，反而成了炙手可热的产品。人们抢着去投资，它的高回报率已经在米尔肯的影响下得到市场认同。

低等级高收益证券市场被米尔肯做起来后，他并没有停止创新的思考，很快他又发现了债券市场中的新蓝海。他买卖已发行的债券，说服中小企业接受这种债券，也对其进行买卖。他替新兴公司和高风险公司销售高回报证券，用这种方法得到资金，达到融资的目的。有人认为，米尔肯推动了美国 20 世纪 80 年代以来高新技术的发展，因为他的融资行为解决了那些高风险技术公司融资难的问题，那些大型电讯公司的发展也与米尔肯创造的金融新产品有着必然的关系，因为那些金融产品给这些公司带来了可以运转的资金。

超凡的能力、独到的眼光、独树一帜的做法让米尔肯迅速成为亿万富豪，他公司的员工，收入也是华尔街同行的五倍，很多人希望到他的公司就职。米尔肯的成功与其创新思维是分不开的，商学院的教育与其个人资质都是他成为权威和成功者的重要因素。

"如果别人做过，我就不去做了"

拉卡拉公司的董事长兼总裁孙陶然是电子产品及快速消费品的营销专家，凭借中国第一个电子账单服务平台——拉卡拉赢得了全中国人的瞩目与认同，他是很多人竞相学习的成功者。

他说过"只有创新才能创始"。他总有新创意，用新颖与实用性打动目标受众。他策划的恒基伟业的著名产品"商务通"的营销活动也取得了巨大的成功，他曾经成功参与创办《北京青年报·电脑时代周刊》、蓝色光标公关顾问机构、《生活速度》高尚社区直投杂志。

而孙陶然就是本土商学院培养出来的人物，他毕业于北京大学经济学院经济管理系，所学专业为国民经济管理专业，北京大学经济学院经济管理系是北大光华管理学院的前身。在北大，他领会了创新精神，并在从业中将创新理念应用于实践，他不喜欢走寻常路，所以总能独树一帜，也因此得到了社会的认可。

孙陶然生于 1969 年，1991 年从北大毕业。经济管理专业的学习让他早就有创业的想法和准备，他最早的创业行动就是承包《北京青年报》预备创刊的电脑专刊。

刚毕业的孙陶然到民政部下属的四达集团工作，他一向有创意、点子多，所以在集团表现很好。几年后，他担任了四达广告公司的总经理。四达广告公司成立于 1992 年，职位一直上升的孙陶然很快被任命为总经理。他的进步可谓神速，从普通员工变成了集团副总裁，从普通打工者变成了股东、董事。

1995 年，孙陶然得知《北京青年报》要创办电脑专刊。尽管当时电脑还没有进入普通家庭，中关村的 IT 市场也刚刚有个雏形，互联网的大潮根本就没起来，很多人还不知道电脑能给他带来什么帮助，孙陶然却认为，电脑在不久的将来将会和电视一样走进千家万户，它的发展速度会非常快，所以认为电脑专刊将很有前景。于是孙陶然承包了《北京青年报》要创办的电脑专刊，成了一个媒体人。

因为电脑专刊，孙陶然和计算机结下了缘分。做电脑专刊几年后，"商务通"走进了他的事业，"手机、呼机、商务通，一个都不能少！"这句话一提起来依然会在每个人头脑中回响，这个产品的广告创意和整体的营销策划让这个产品人尽皆知，一度引发了销售热潮，孙陶然也被媒体评为"IT界十大风云人物"。

孙陶然最有名的创意是"拉卡拉",这个产品给人们提供了便利,减少了生活中缴费这种琐事的困扰,也让他成为了富豪。

"拉卡拉"真正做到了便民,只要在一个机器上支付就能轻松转账,可以还信用卡、交水费、电费、电话费……而且可以立即得到支付回单,这个服务对每个使用机器的人都是免费的。安装在超市、商场、便利店、写字楼中的拉卡拉机让人们的支付手续变得格外轻松。孙陶然说过,和开创了一个市场的商务通相比,拉卡拉改变了人们的生活方式,拉卡拉的作用更大。

孙陶然曾说,"拉卡拉"项目缘于对"排队"的摒弃。排队浪费了太多的宝贵时间,即使是网上支付,程序也十分复杂,因为要注册,要开通网上银行,还要经历各种验证程序。现实的需要和电子商务发展的需要都促进了"拉卡拉"机器的诞生,这个创意满足了消费者迫切的需求,而且服务十分贴心。

安装在合适地点的刷卡终端机让消费者只要一卡在手所有支付都能轻松解决。在"拉卡拉电子账单服务系统"的基础上,"拉卡拉便利支付点刷卡支付"方式与网上支付、移动支付和现金支付齐名,四者并称为"四大电子支付方式"。

说到成功的秘诀,孙陶然说过:"我做事的原则第一是不想抄袭别人,如果别人做过,我就不去做了;第二不想做自己会做或者已经做得很熟练的事情,就是一心想创新。"

像重视专业素质一样重视优秀品格

很多成功者身上都拥有着优秀的品质,比如诚信、想问题客观、懂得尊重、负责任、乐于奉献等。这些品质在一个组织中会起到积极的作用，更有利于团队的合作以及对事情理性的判断。塑造优秀的品质也是一种习惯，这些品质都是成功的基石。

在顶级商学院受过教育的人们身上这些品质更为突出，而那些成为亿万富豪的人更不必说了。顶级的商学院之所以能培养出数量惊人的商界成功人士，和它们注重培养学生的情商是分不开的。很多商学院在录取学生时就会做情商的考量，看他们是否愿意与人合作，是否容易感受到别人的感受等。情商高的学生比单纯分数高的学生被接受的机会更多，商学院需要的就是那种综合素质好的人才，品质是他们一直最为重视的成功因素。

竞争也合作，商学院的佳话

取得牛津大学特里尼蒂学院文学硕士学位和哈佛商学院工商管理硕士学位两个学位的克里斯托弗·霍格，正是在在商学院的学习中，培养了成功者所应具备的优秀品格。他拥有远大的理想，为信念锲而不舍，处事灵活，善于合作，将哈佛商业精神发扬光大。他正是用极高的专业素质和优良品质，推动企业走上了良性发展之路。

克里斯托弗·霍格也在一次危机之中表现出了商业"指挥家"的气质。他首先游刃有余的处理好与上级领导的关系。在霍格进入公司之前，公司总裁克尔顿因为有商场如战场的想法，养成了独断专行的习惯，被公认为难以相处的领导。霍格充分发挥沟通协调能力，从公司的大局出发，将团队的利益放在第一位。他与这位总裁合作得很好。霍格除了能够与上级处理好关系之外，还能够与员工融洽相处，大大改善了公司的人际氛围。

团队意识，是全局观、合作意识以及奉献精神的结合体。它使每个成员都拧成一股劲，朝着共同的方向迈进。因为公司的境况，霍格曾无奈地辞退了考陶尔德公司 5.6 万多员工。因为做了很好的沟通，他没有让员工因为裁员而对公司心存意见，他做到了让员工去抵制来自境外的产品，而不是抵制公司裁员的行动。无疑，被解雇会让人受到打击，甚至失去信心，对公司产生愤怒的情绪是很正常的。而霍格成功转移了矛盾，通过他的解说与沟通，员工将矛头指向了公司之外而不是内部。一个组织中的人认同一件事，激情朝着一个方向，这是很难做到的事。本来是一个危机，在霍格的努力下，危机化成了公司的机会，公司得到的是保护，而不是抨击，这充分证明了霍格的优秀品质。这是霍格极强的沟通能力、团队协作能力、树立团队精神的魄力的集中表现。

合作精神是顶级商学院十分重视的学生素质，他们考量、培养、考核学生这种意识和能力。商学院的价值观是：合作是成功的手段，会合作的人机会更多，在竞争中最有优势，能坚持得最久。而团队精神在商学院被重视的根源是，各大学在竞争中依然能够很好地合作。这种竞争与合作并存的状态既体现了人们的风度，又体现了人们的活力。就像两个绝顶高手既是对手又是知己，如切如磋，如琢如磨。这种美好堪称佳话，成就了无数有着优秀品质的人。

诚信是化解危机的最佳方法

拥有优良品格和高情商能帮助管理者解决遇到的危机。曾在哈佛大学取得 MBA 学位的强生公司总裁詹姆斯·伯克正是用在商学院学到的诚信的理念帮助公司化险为夷的。

1982 年，在强生历史上出现了一次差点令企业关门的危机。那一年，强生公司生产的止痛药泰乐诺胶囊里出现了氢化物，氢化物造成 8 人死亡。这一事件让强生公司名誉扫地，消费者对强生产品失去了信心，企业由此陷入了巨大危机。

时任强生集团 CEO 的詹姆斯·伯克在危急时刻，勇敢地担起了责任，他的果断、坚决为人们所认可。他表达了自己的想法，表示消费者的安全比企业的利益更有价值，所以决定召回市场上的所有泰乐诺胶囊，并将其销毁，这让强生公司损失了几百万美元。之后，泰乐诺胶囊增加了三层安全包装，以此保证消费者的安全。

后来，美国和此事件有关的地区的消费者对强生公司的印象发生了改变，他们看到了强生公司的责任心。短短五个月后，强生公司的该药品再次占据了原来市场的 70%。强生公司成功化解了这一危机。

詹姆斯·伯克的做法体现了他的诚信特性，这是他自己的优良品质，也和哈佛商学院的教育关系密切。

哈佛商学院有着明确的规定，要系统地培养有责任感的、有道德的一流经理人才，这是哈佛商学院的百年宗旨。曾担任商学院院长的麦克阿瑟十分重视学生的道德品质，他希望学生能终身铭记母校，遵守学校的宗旨，保持对社会的责任和对国家的义务的重视。詹姆斯·伯克是一名合格的哈佛商学院毕业生，他的诚信与责任感都体现了哈佛商学院的精神。他不仅让人们更加注重道德品质，也在企业危机管理领域为人们树立了榜样。

詹姆斯·伯克从 1947 年开始攻读哈佛大学商学院的 MBA，他学习了专业知识，塑造自己的品质的同时，也交了很多的朋友。他很重视商学院的朋友，他曾经回忆说，商学院的生活让他和一些人都认识到了对方的重要性，那些朋友将在自己的生命中永存。无疑这是十分美好的友谊，他们曾经一起成长，一起挑战，他们合作，也竞争。

世界顶级商学院之所以能够吸引一代一代的精英，是因为那些学院有深厚的文化底蕴、无可挑剔的软硬件条件，卓越的师资力量，优质的校友队伍等丰富资源。这些是学生们一生的资源宝库。除此之外，他们还注重综合能力的提高，注重实践经验，注重培养学生的创新精神，注重塑造学生的优秀品质。他们让学子更有责任感与社会奉献意识，所以从中走出来的大多数人都成了顶级人才。它们有太多吸引人的地方，更重要的是它们传承了历史，传播了积极向上的奋斗精神。它们是一种财富，也是一种象征，它们让所有走进去的人拥有了掌控自己和世界的实力。

第 5 堂　思维课：
勤奋谨慎，和完美死磕

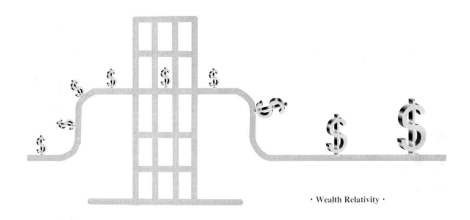

· Wealth Relativity ·

　　顶级富豪们往往工作勤奋、意志坚定、注重细节、谨慎沉稳、善于分析、追求完美，善于把握人生和事业的每一个环节，而这些都是能让人成功的优良特质。

人们不能选择自己的出身，但可以学习成功者的优良特质，像他们一样迈好人生和事业的每一步，勤奋、谨慎、沉稳，尽可能做到完美无缺。

动手前，先做好预测

分析市场、把握商机是一个成功商人必须具备的能力，唯分析可稳健，财商高的人似乎天生具有这种能力。

巧用脑子，浴火重生

在中国，最具传奇色彩、大起大落的企业家史玉柱就是凭借着自己善于分析的能力发现了商机，最后东山再起，重登上了《福布斯》富豪榜。

1978 年以来，在中国改革开放的浪潮中，史玉柱是个很吸引眼球的人，他身上有太多值得人们津津乐道的事情。1989 年，他借了 4000 元钱起家，短短 5 年后，就位居《福布斯》"大陆富豪排行榜"第 8 位。1997 年，他建立巨人大厦，这一次的失败使他的财富完全消失，而且成为负债 2.5 亿的中国最穷的人。几年后，他东山再起，不仅还清了债务，而且成为身价数亿的富豪，财富远远超过了当年。史玉柱就像个谜团，诡异得让人百思不得其解。

史玉柱最后能够东山再起，最为重要的一点就是他善于分析，通过分析他抓住了最好的商机。史玉柱也公开表示，他成功最核心的"装备"，就是善于琢磨消费者的需求并满足消费者的需求。专注地研究消费者，也是他与其他企业家之间最大的差异。

1998 年，史玉柱的产业受到重创，那一年他隐姓埋名生活在坊间只因为要躲债。幸运的是，史玉柱原公司二十多人的管理团队，在最困难的时候依然不离不弃，始终追随着他。此时，他除了缺钱外，似乎什么都不缺。

失败没有击垮史玉柱，很快他和他的团队就开始谋划着东山再起，此时他们手中握住了两个项目，一个是投入保健品脑白金，另外一个是继续开发赖以起家的软件，团队对于这两个项目产生了意见分歧，史玉柱也一时不知道该如何选择。

此时，善于分析的头脑帮助史玉柱找到了正确的方向，成就了后来的辉煌。

史玉柱不是糊涂做事的人，他知道当时的软件产品利润很高，但是市场不大，要用 10 年的时间才能还清欠下的 2 亿元债务。而有一个行业市场特别大，那就是保健品行业，那个行业刚刚起步，还有很多空白。他锁定了保健品行业，选中了脑白金这个产品，仅仅用了 5 年时间，他就赚的盆满钵满，还清了欠下的钱。

在做决定之前，史玉柱做了一次调查，有人也将这次影响史玉柱后半生的调查称为"江阴调查"。

为了搞清楚保健品市场真正的需求，史玉柱戴着墨镜一个镇一个村地走，一家一家地采访。白天劳动力都出去工作了，他就和在家的老头老太太聊天。老头老太太们很喜欢和史玉柱聊，跟他讲自己的身体状况，有什么疾病，有什么需求，就这样史玉柱收集到了消费者最真实的信息。

史玉柱发现，这里的老人们愿意让自己的子女为他们购买保健品。史玉柱敏感地意识到其中大有名堂，他因势利导，后来推出了家喻户晓的广告"今年过节不收礼，收礼只收脑白金"。虽然被人批评为最俗气、最功利的广告，还是演绎了广告界的传奇，这支广告数次调整创意，轮换着播放，就这样播放了十年，其产品销售额更是惊人，达100多亿元，这让同行不能望其项背。

在东山再起的大本营选址上，史玉柱也仔细地分析了一下。1998年，史玉柱开始运作脑白金的时候，身上只有从朋友处借来的50万元资金，他发现，仅仅依靠手中区区的50万元是不能高举高打、大鸣大放做生意的。最终，他把江阴作为东山再起的根据地。

江阴是江苏省的一个县级市，地处苏南，离上海、南京都很近，有很强的购买力。史玉柱认为，在江阴启动脑白金计划，做广告的成本不会超过10万元，而10万元在上海还不够做一个版本的广告。

同时，为了把市场营销中会出现的问题解决好，在脑白金进入市场之前，史玉柱和300位潜在消费者作了深入的交流，把各种问题都想在了前面。经过调查，史玉柱心里不再有疑问了，他底气十足地对下属说，脑白金年销售额很快就能做到10个亿。

史玉柱出人意料的以大赠送的形式正式启动了脑白金在江阴的市场。史玉柱先后送出10多万元的产品，人们都认为他是在烧钱，但是不久以后的事证明了史玉柱决策的英明。那些得到赠送的老人很快吃完了脑白金，他们觉得效果很好，于是很多人拿着脑白金的空盒跑到药店去买，药店的生意一下子火了起来。

随着购买人数的增多，史玉柱马上意识到商机到了，于是他提出了"款到提货"的规矩，就这样脑白金在一个名不见经传的小城市——江阴一炮打红。

脑白金市场随后波及了南京、常熟、常州以及东北的吉林，随后又打开了全国市场。2000 年秋，史玉柱还清了所有债务。之后他又开发了其他的保健品，降血脂的、抗感冒的、补血的、治疗胃病的，以及维生素。由抗生素和矿物质混合成的保健品"黄金搭档"也在这时诞生了。有成熟的广告和渠道做铺垫，脑白金和黄金搭档销量不可遏止地增长。

后来史玉柱又去开发游戏，他依然喜欢调查。他说："这个行业年轻、浮躁，根本不懂研究消费者。对玩家迷恋什么，讨厌什么，一无所知。"为了了解玩家的需求，把《征途》做得更好，史玉柱和 600 多个玩家沟通，根据他们的建议修改游戏设计，打破以前的思路，增加新功能。

史玉柱也是一个资深的电脑游戏玩家，他玩《传奇》也上瘾，但他不是白上瘾的，他从中发现了一些问题。他发现，有的玩家很有钱，但是没时间玩游戏，所以就找那些有时间的人代练，或者把自己的装备卖出去，在此种情况下甚至出现了代练公司，装备交易和出售账号都是玩家们司空见惯的事。

史玉柱愿意投入进去，他和一个玩家商量，购买了那个人的顶级装备账号，花费 5 万多元。这说明，出售装备的玩家凭借自己玩游戏的技术赚到了 5 万元钱，而盛大公司经营、研发这款游戏，却没从这款游戏中赚到多少钱，仅仅是可怜巴巴的几百元钱。

史玉柱立即有了点子，自己开公司，卖装备，这样总比那些玩家之间互相做买卖专业，一定利润丰厚。而想过这个问题的可不仅仅是史玉柱，韩国人也想过这个，还曾经推出过"免费模式"，也就是说玩家可以免费玩游戏，但是想玩得过瘾就得有好装备，这个装备可就不是免费的了，要掏腰包买，想在游戏江湖中声名显赫，就得有好的装备。

史玉柱开始的时候并不知道韩国人的模式，他认为玩家有两种类型：一类是有钱的玩家，不在乎那几千、几万块钱，只要能让自己有

"江湖地位"的装备，一掷千金根本无所谓；另一类是没钱人，但他们有的是时间，一听说不用买卡就能打游戏，哪有理由不往《征途》里钻？为了进一步提升人气，史玉柱又开业界先河，使出了为玩家发工资的绝招。

所以游戏免费模式诞生了，没钱的人可以免费玩，有钱的人花钱过瘾地玩，让没钱的人捧场，赚有钱人的钱，甚至可以说，史玉柱"养100个没钱的玩家，陪1个有钱的玩家玩儿"。

《征途》进入市场，并迅速形成了规模，中国的网络游戏从此开始走向免费，中国的网络游戏产业也迅速发展起来，以每年70%的增长率增长，而且呈上升趋势。《征途》迅速成为产业领跑者，有人曾经计算过，史玉柱通过这款游戏增加了不低于400亿元的身家。

善于分析，让史玉柱东山再起，重新走上了财富之巅。

凭靠定位，冲出重围

东软集团的董事长兼总裁刘积仁也是一个善于用脑，喜欢研究问题的企业家。多年来，刘积仁通过潜心研究，领导着东软走出了一条非常独特的道路，让中国的软件在国外软件企业的围追堵截中走出了一条新的道路。

1988年，毕业于东北大学电子系计算机软件专业的刘积仁在一穷二白的基础上，成立了东大阿尔派软件研究所，开始走上了从商的道路。学者从商多少有点难为情，当时刘积仁不称其为公司，但在注册时，不是公司就不能注册，因此，他很不情愿地研究所后面加了一个括号，注上"有限公司"四个字。但真正用的时候，他却很少把那个括号加上去。通过他的不断努力，研究所最终发展成为了东软集团。

1991年刘积仁初创业，他当初想让东软能够像微软那样做通用软件做出名堂，成为世界级著名企业，后来他发现这个想法在中国行不通。他说："微软好比一列快速火车，而你是一列慢车，你要追可能总也追不上。我们并不去谋划如何取代微软，我们根本就没和它在一个火车轨道上跑，但我们在另一个轨道上能够跑得更好。"

后来，刘积仁通过观察发现，医疗设备越来越趋向数字化，行业虽然门槛相当高，但利润丰厚，一台进口的二手 CT 机价格达三四百万元人民币，而且大家排队抢购。看到这里，刘积仁仿佛看到了远处闪烁的灯光，终于为自己创办的"研究所"找到了方向。

到底能不能进入这个领域，刘积仁也没有底气。通过进一步考察，他发现这些设备当中最关键的部件往往是软件，这无疑为东软的发展提供了机会。1998 年，刘积仁宣布东软要进入数字医疗行业。此言一出，顿时引起了很多人的质疑：这个行业以前是 GE、西门子、飞利浦等跨国公司的天下，一个中国的公司，能做好吗？东软一直是以做软件为特长的，现在跑去做 CT 机，是不是舍本逐末？

但是，刘积仁是一个有想法就去实践的人。在一片质疑声中，他开始走上了软件外包的道路。经过不懈努力，东软很快掌握了 CT 机中的核心软件技术。东软的加入不但使数字医疗器械价格降了下来，也为企业的发展找到了长远的方向。

随后，东软与 NEC、日立、索尼签订了长期合作协议，并在日本成立了分公司。到 2005 年，东软集团的国际外包收入高达 6270 万美元，在国内企业中遥遥领先。这种成绩令对刘积仁不太感冒的业内人士也开始对他刮目相看了。

刘积仁并没有满足当时的成绩，他在软件还卖不出价钱的年代，率先提出了将软件与产品工程相结合的概念。东软依靠研发团队将自身的软件植入全球各大品牌的汽车音响、手机乃至医院的 CT 机中，实现了中国软件企业的跨国经营。

刘积仁不断发现企业发展的新机遇，他发现培养后备人才是一条新路。在 1995 年以前，刘积仁陪国家领导人到印度和爱尔兰考察之后，就对中国软件人才的缺乏有了深刻印象。他认为教育是打通整个中国软件产业链的关键所在，于是开始谋划东软的人才储备之术：一方面，为了保证人才的充足供应，东软开始与东北大学合作，采取定制毕业生的措施；另一方面，刘积仁重返校园，投身教育领域。从 2000 年大连东软信息学院成立后，东软分别在广东南海、四川成都成立了软件学院，除了满足东软自身的需要之外，还为社会培养了大批的软件人才。

最初，刘积仁办学校的时候，公司内部很多人对他的决定感到不解。因为东软对教育的投入力度非常大，但是短期内并不能给东软带来多少利润。

面对质疑，刘积仁并没有动摇。在他看来，搞教育是自己的理想，但也是商业意义上的实践。别人办教育是为了教书育人，而刘积仁办教育有自己明确的思路。办教育本身虽然赚钱有限，但是如果和东软的业务核心软件结合起来，不仅能够极大程度地提升东软的品牌，还能带来更多的商业机会。

刘积仁认为把学校看成客户，是在跟客户之间搭建更好的桥梁。刘积仁把教育作为东软搭建的平台，当成公司整个业务系统中的重要组成部分。越来越多的跨国公司选择与东软合作也都是看重了东软在人才培养方面的强大能力。如今软件外包行业出现的"人才荒"也证实了他当初的判断。

数字医疗和教育这两个看似与软件不相关的行业，成为了东软的两大新业务和未来在同行业中的核心竞争力。

尽管在软件领域，中国企业的表现逊色得多，至今仍未出现一家世界级的软件企业，但是东软至少在中国做到了行业老大，它正等待着未来飞得更高更远。

订下目标， 不横冲直撞

取得成功的人，最初想做一件事情的时候，就已经设定了目标。有计划、有目标的人，他们志向远大而理性，他们行动起来更有方向，所以能有效利用时间，更好地把握未来。

一个个目标造就 "李宁" 品牌

在中国，李宁是个家喻户晓的人物，人们对他熟悉不仅仅因为他是一个拿过 106 块体育金牌，被称为 "体操王子" 的人，还因他创造了中国的运动品牌 "李宁"。从当年的体操王子，到现在大受资本市场追捧的财富明星，这种转变让很多人羡慕不已。这种转型的成功，很大程度上得益于其很强的计划性和目标性。

1988 年，26 岁的李宁退役，因被健力宝公司的总经理李经纬看中，加盟了健力宝公司。之后，李宁开始走上了一条与体育相关的商业道路。李宁经常这样说："我个人是因体育而出名，也是因体育而事业有成，因此，我一定会竭尽所能，全力地回报体育。"

商界是李宁展示才华的另一个舞台，如同在体操界一样，他表现出色，得心应手。而他的商业还是和体育紧密相连，他选择了体育用品，这是最符合他身份的一种选择，他定的目标是非常合理恰当的。

有了目标他马上行动，奔向更多的财富。1991 年，健力宝投资 1600 万，广东李宁体育用品公司正式成立，李宁主要独立负责李宁牌运动服、运动鞋的经营。由于李宁的影响力以及产品的特色，李宁牌系列产品逐渐受到欢迎，并获得不少荣誉，成为 1991 年以来中国体育代表团参加历次重大国际赛事的专用装备。李宁牌服装和运动鞋系列不仅被推选为中国明星产品，也位列全国服装十大名牌。一年以后，李宁公司分别在北京、广东成立了三家分公司，各自从事运动服装、休闲服装和运动鞋的生产经营。

李宁真正创业是从 1994 年开始的。那年 9 月，李宁告别了与自己有师生情谊的李经纬，成立了北京李宁体育用品有限公司。这个昔日的世界冠军把自己的商业目标确定为全世界。

为了成为世界知名品牌，李宁开始潜心向耐克、阿迪达斯等跨国体育运动品牌学习修炼内功，他要做的就是要做自己的品牌，为此他有了一个惊人的举动。1998 年，李宁在广东佛山成立了中国第一家运动服装和鞋的设计开发中心。当时很多人喜欢贴牌生产，而李宁不满足于这样做。投入是巨大的，回报期是漫长的，这对很多人来说是很难熬的。之后，李宁在广告和市场营销领域也进行了新的尝试。

李宁坚持支持中国体育事业。体育产业有其特殊性，其价值观是：更快、更高、更强，这对李宁品牌有着非常好的影响，让它更积极、正面，更阳光。

争取奥运会赞助商的资格更有利于塑造李宁品牌支持体育事业的形象。奥运会历来是体育用品企业逐鹿的战场，从 1990 年赞助亚运会开始，李宁就执著地积极参与包括奥运会在内的大型体育赛事：1992 年、1996 年、2000 年一直到 2004 年，中国奥运代表团的赞助商都是李宁。

2008 年北京奥运会，在世人瞩目中召开。奥运会既是运动健儿的较量也是一些与运动相关品牌的较量。就在奥运会之前，李宁就卯足了劲要与耐克、阿迪达斯领军的国外企业较量一下，力图在中国这个仅次于美国的全球第二大运动品市场分得更大蛋糕。实际上，李宁对于2008 年在北京举行的奥运会充满了期待，他想借力奥运会有所作为，不论从感情还是从商业角度考虑，李宁都有着充分的理由。

为了这个目标李宁也一直在努力，在参与竞标时，他甚至知道公司营业额尚未突破 10 亿元人民币，利润尚未过亿，就在标书上填上了一个天文数字——10 亿元。为了借力奥运会，李宁为成为奥运会合作伙伴押上了公司的家底。

在奥运赞助商资格竞争中，李宁公司被实力强大的阿迪达斯击败，阿迪达斯以 13 亿元的价格得到了成为奥运合作伙伴的机会。李宁没有气馁，他朝着做最好的运动品牌的目标继续努力。李宁深知，企业和品牌的发展有很多途径，想成为真正的国际化公司必须走适合他自己的道路。

获得奥运会赞助资格当然是为了更好地树立企业形象，让人们看到李宁品牌对体育事业的支持，从而体现李宁品牌更大的价值。要实现这个目标，还有其他的选择。很快，李宁就开始带领公司走上新的道路。

2006 年，李宁公司成功与中央电视台体育频道签定协议，规定体育频道所有主持人及出镜记者都穿李宁公司提供的服装，出镜人员身穿西装时，在胸前戴上有"李宁"标识的标牌。这一招既遵守了奥运市场开发的游戏规则，也起到了直接的营销作用。

奥运会前夕，李宁正式被指定为瑞典奥运代表团及苏丹国家田径队的合作伙伴。李宁的补救措施十分到位。

围绕奥运会的努力给"李宁"带来的品牌效应和社会效应一直持续到奥运会之后。可以说，这种效应成功超越了奥运周期，为其品牌增加了很多正面的影响。李宁公司从此进入了一个快速增长时期。

伯克希尔积小流成江海

计划性与目标性很强在"股神"巴菲特身上表现得也十分明显，他是按照自己的计划和决策前进的典型人物。在 2008 年度《福布斯》

全球富豪榜中，巴菲特以 620 亿美元身价超过比尔·盖茨，成为全球首富。巴菲特一直在有条不紊地实现着财富之梦。

巴菲特的投资事业始于 1965 年他收购了濒临破产、价格极其低廉的伯克希尔纺织公司，之后他一直走在投资的道路上，并且使自己的财富稳步增长。

巴菲特的成绩最先体现在他构建的保险帝国上。1967 年 3 月，巴菲特旗下的伯克希尔公司，出资 860 万美元购买了奥马哈国民赔偿公司和火灾及海运保险公司两家头牌保险公司的全部流通股，从此开始涉足当时相当赚钱的保险行业。因为涉足了这个行业，两年后，伯克希尔公司褪去了它的本来面目，从纺织业抽身而出，开始营造日后为巴菲特创造巨大利润的保险帝国。

回顾巴菲特的创业历程可以清晰地看到，整个 20 世纪 70 年代，他都在有条不紊地构建着他的保险帝国。

收购政府雇员保险公司就是巴菲特实现保险业帝国梦的一个目标，巴菲特为了收购这家公司等了好几年。政府雇员保险公司是一家通过邮件和电话方式销售汽车保险的企业，因而低廉的产品价格成为了它的品牌标志。这家保险公司在当时一段时间内独领风骚，风光了一把。

20 世纪 70 年代中后期，由于在法庭诉讼中判给原告的赔偿费和保险公司必须支付的赔偿费以惊人的速度增长，以及保险业出现了僧多粥少的现象，一些公司为了竞争，抢占市场，宁愿以低于经营成本的价格出售保单，使得很多保险公司出现了亏损。政府雇员保险公司的低价格优势渐渐丧失，并在这个恶性循环的竞争中渐渐败下阵来，因此巴菲特开始关注这家公司，并想收购它为自己所用。

尽管当时政府雇员保险公司的低价已经很低了，但是巴菲特还是耐心地关注着，他没有急于出手。终于在 1976 年，对政府雇员保险公司觊觎良久的巴菲特等来了机会。政府雇员保险公司因为错误计算了客户索赔额，以及保险产品定价过低，低估了保险理赔的成本，直接造成了公司对外销售保险定价过低，导致公司几乎面临倒闭的命运。公司的股票价格从 1972 年的历史最高点每股 61 美元跌至 1976 年的每股 2 美元，这家保险公司陷入了彻底的混乱之中，等待它的似乎只有破产。

巴菲特此时谨慎出手了。当年 8 月份，当政府雇员保险公司发行 7600 万美元的优先股时，巴菲特毫不犹豫地买下了 25% 的股份。追加的资本使这家老牌公司最终脱离了危险，此后在巴菲特早已经设计好的方案下运营起了政府雇员保险公司，令人意想不到的是，在短短的 6 个月里，它的股价就开始持续上升，一度达到了原来的 4 倍。伯克希尔公司之后又小幅加码。1986 年，伯克希尔公司的保险金收入高达 10 亿美元。此时巴菲特手中有 8 亿美元的闲钱可用于再投资的筹备金。

对于保险业，巴菲特痴心不改。在政府雇员保险公司投资大获全胜后，巴菲特就瞄准了美国最大的再保险公司——通用再保险公司。通用再保险公司是美国最大的产物险再保险公司，在世界 124 个国家设有营业网点。这家公司后来也成为了巴菲特的囊中之物。

1998 年 12 月 21 日，伯克希尔公司完成了对通用再保险公司 220 亿美元的并购。随着"股神"巴菲特一举将通用再保险公司收入囊中，伯克希尔公司的资产总额神奇地增加了近 65%。

"股神"巴菲特掌握了美国的保险业后，又有计划地实施着自己的赚钱行动。40 多年来，先后并购和长期投资持有了美国可口可乐、迪斯尼、吉列刀片、麦当劳及花旗银行等许多大公司的股票。这些企业犹如充足的阳光雨露给巴菲特一手创建的伯克希尔公司提供了巨大能量。

按照计划，巴菲特有条不紊地将一个摇摇欲坠的纺织企业转变成了一家拥有 73 家控股企业、总资产达 2000 亿美元的投资公司。这家企业还创造了世界上最贵的股票，这一切就如同一个神话，所以巴菲特成了"股神"。

那些顶级富豪中有很多人能够做周密的计划，制订可实现的目标，迅速行动去不断接近财富。他们的这些优点值得我们学习。

创业之初， 不要不舍得力气

富豪无一例外都是勤奋的，而这个特点让他们和成功更近。他们愿意付出更多的精力与汗水去做事，只要能看到想要的结果完全不在意曾经的辛苦。勤奋可以换来知识、财富、名誉。他们都是非常聪明的人，但没有勤奋，也不能实现那么多宏伟目标。

"股神"曾是勤劳的送报少年

当我们用时尚的眼光看待这个有着"股神"美称的智慧老人沃伦·巴菲特时，发现他的人生充满"勤奋"的味道。因为从小到大，从默默无闻到声名显赫的过程中，他勤奋的特点从未改变过。

13岁的沃伦·巴菲特就通过努力的工作，成功跳槽成当时全美最大的报纸《华盛顿邮报》的合格发行员。

最初，沃伦·巴菲特负责在春谷送《时代先驱报》，虽然当时他做送报童的时候年龄还很小，但是他兢兢业业、认真负责。他的工作表现被《华盛顿邮报》的一个经理看在眼里，他觉得这个小男孩勤劳吃苦又聪明能干，很符合自己的性情，于是他打算把属于成年送报人通常负责的区域威彻斯特让沃伦·巴菲特来负责。

当那位经理找到沃伦·巴菲特，告诉他有机会去威彻斯特送《华盛顿邮报》的时候，沃伦·巴菲特十分兴奋，因为他很喜欢威彻斯特。

自从成了《华盛顿邮报》的送报员，沃伦·巴菲特每天清晨很早起床，穿上网球鞋，连早饭也不吃就跑出门，匆匆忙忙地跳上车，搭上首班 N2 路公车，再坐上华盛顿运输公司的公车，前往教学大街 3900 号的威彻斯特去送报纸。

有一个有趣的事情，由于沃伦·巴菲特几乎总是第一个去购买公车通票的人，所以公车通票号码经常是 001 号。那个时候的首班公交车司机都会看到这个拿着 001 号公车通票的小男孩，急匆匆地跳上车。因为他总是第一个坐车，如果哪一天他晚了一点点，司机们都会习惯性地找找他。

沃伦·巴菲特在送报的时候还积极思考，他找到了最有效率的送报方式，把原本无聊的重复性工作——每天递送几百份报纸变成了自己和自己的竞赛。

为了提高送报纸的效率，沃伦·巴菲特还研究出了独特的送报办法。沃伦·巴菲特将要送的报纸卷成圆筒形，让它沿着门廊滑行。他能够很好的掌握力度，使报纸滑出 50 英尺，甚至是 100 英尺，这正是公寓的门与门廊之间的距离。但是这个距离并不都是一样的，所以他开始会选择送距离最远的，用这个手法让报纸停在离门只有几英寸的地方。如果门口有牛奶瓶，他还会让事情变得更有趣。沃伦·巴菲特很快成为了一个熟练的送报工，当时有人形容他熟练的动作，说他仿佛出生时手指上就带着油墨。

此外，他还在送报纸的过程中发展了一个副业。送报纸的同时，他又向客户推销台历，从而得到一笔不小的收入。

在送报纸的过程中，沃伦·巴菲特练就了收集商业信息的能力。他每天出入客户家中，所以十分了解客户的需求。他得知一些家庭除了订购报纸之外，还会订购一些杂志，就利用送报纸的机会收集所有客户的旧杂志，检查杂志上的标签。通过查询，找到杂志订阅的到期时间。沃伦·巴菲特把订户资料整理成卡片，在杂志订阅到期后不厌其烦地上门拜访，向他们销售新的杂志。最终，他被一家很有实力的出版社雇佣了。

勤奋不仅让沃伦·巴菲特赚到了钱，也让他有了从商的信心。1944年年底，沃伦·巴菲特的储蓄总额达到了1000美元，填报了他的第一笔所得税——7美元。为了把税金降低到7美元，他把腕表和自行车作为业务支出费用加以扣除。他对这个成绩非常自豪，因为这让他体会到了赚钱的乐趣，也发现了自己赚钱的天赋，为未来的事业打下了信心的基础。

长大后的沃伦·巴菲特对股票表现出了极大的兴趣。最初，沃伦·巴菲特一头钻进图书室和地下室，认真研究别人动都不想再动的陈旧的股票记录，一宿一宿地看别人看了就眼花缭乱的成千上万的数字。

沃伦·巴菲特几乎每天早晨都要认真阅读几份报纸，这种习惯一直坚持到现在。在创业的初期，他从这些报纸中捕捉到了很多商机。甚至有人爆料，在沃伦·巴菲特度蜜月时，他的车子后座也塞满了穆迪手册和会计分类账。沃伦·巴菲特的勤劳让人敬佩，他花几个月的时间阅读一个世纪以来的报纸，了解商业循环模式、华尔街的历史、资本主义的历史和现代公司的历史。

在业务上，巴菲特也做到了勤勤恳恳，他曾经不辞辛劳地亲自拜访各大公司。他会花几小时与经营格里夫·布劳斯工业包装公司的女士详谈桶类业务，或者和洛里默·戴维森谈论汽车保险业务。为了投资一家公司，他会阅读关于这家公司的所有资料，这种勤奋增加了巴菲特投资成功的机会。

"股神"的勤奋让人感叹不已。不能不说，正是他的勤奋让他取得了事业的成功。

刻苦研习，网易诞生

勤奋当然也是中国富豪的特征，网易的创始人丁磊就是这样的人。他说过，"一个人想要实现自己的目标，除了勤奋外，还是勤奋"。他用行动证明了这一点。

1971年10月1日，丁磊生于浙江奉化，可以说勤奋也是他成功的重要因素。在一定意义上说，是丁磊的勤奋才催生了网易。

因为所学专业的缘故丁磊接触到了计算机，这是他改变命运的第一个选择。因为他在学习计算机知识的过程中看到了方兴未艾的计算机浪潮，并在这次浪潮中挣得钵满盆溢。丁磊最早在电子科技大学学习的时候，所学专业是通讯。了解这个专业的人都知道，这是一个与计算机技术有着明显区别的专业，如果按照常人的轨迹，也许其很难真正涉足到计算机领域，但是丁磊的勤奋帮助了他华丽转身到计算机领域。

大学期间，丁磊沉迷于计算机知识之中，同学们经常在学校图书馆的外文科技馆看到丁磊，几乎每次丁磊都是在津津有味的阅读全英文版的计算机方面的资料。丁磊甚至到了废寝忘食的地步，几乎每天他都是看书直到图书馆闭馆。丁磊的勤奋没有白费，在查阅资料的过程中，他熟知了国际上最新的关于计算机的信息，掌握了最新的世界科技动态，了解了当时方兴未艾的计算机技术和知识，以及关于互联网的内容。这为他后来在计算机方面的成就埋下了伏笔。

在大四上学期，电子科技大学搞了一个电磁场CI软件的成果展示。丁磊和其他几个同学组成了课题组，每天他都是第一个来到课题组，最后一个走。有时候为了编程，他一晚上不睡，第二天依然和大家一起研究。在课题组工作的日子，丁磊已经展示出了较强的能力，尤其是在计算机编程方面。在丁磊的带领下，课题组成员经过几个月的努力圆满完成了课题项目，并在成果展中获得了名次。

这次小小的成绩极大地刺激了丁磊，也让他对计算机的热爱迅速膨胀，他开始寻找锻炼自己计算机水平的机会。因为一个偶然的机会，丁磊去一家计算机公司兼职做工程师。在那里，他生平第一次接触了Modem、Windows NT等新设备。

丁磊由此掌握了创业期所需要的核心技术。众所周知，网易的成功与Unix技术有着极大的相关性。而这个技术就是丁磊在刚开始工作的时候掌握的。

1993年，丁磊毕业后回到老家宁波。在宁波他顺利地进入宁波电信局，做了一名工程师。刚入职，丁磊就发现单位有Unix电脑，这是当时最为先进的计算机。他利用下班后的时间仔细研究，在宁波电信局工作的日子里，几乎天天晚上12点才离开单位。两年的工作经历，让他收获最大的是学会了Unix和电信业务。

创业时期，为了研究网络的新技术，跟踪Internet的新发展，丁磊可以一连几个月，每天工作16个小时以上，其中有10个小时在上网。在夜以继日的工作中，丁磊发现了Hotmail系统，他决定建立中国第一个免费邮箱站点。后因该系统公司拒绝将技术卖给网易，丁磊凭借着自己的专业知识和技能，研究出了Hotmail的结构，并使网易成功在竞争中生存了下来。

加班是家常便饭，网易免费电子邮箱的域名就是丁磊加班做出来的。当时丁磊一边开发免费电子邮箱，一边想域名。什么样的域名才好记？这成了丁磊那段时间几乎天天都想的问题。一天加班到凌晨2点，他突然想到可以用数字表示域名。中国数字的发音特别干脆，而且163、169在中国已经具有了指向Chinanet、电信局和Internet的含义，上网的人每天都要拨163，对它熟悉得不能再熟悉了。

丁磊半夜想出的域名被市场证明是成功的。当年免费邮箱一推出，

263、国中网、990、371、浙江金华 188 纷纷购买网易免费邮箱系统，仅免费邮箱这个产品就为网易挣了几百万元。

勤奋是金子般宝贵的特质，它能帮助人们实现最早的资本积累，也让人们沿着财富阶梯不断向上，一次次取得成功。

渴望财富， 付诸行动

追求财富意味着对成功的渴望，这种渴望是一种动力。很多富豪对收获有着狂热的追求和热爱，他们正是凭借着这种激情，一步步靠近财富，并成为万众瞩目的成功者。网易的创始人之一丁磊和中国的商业奇人史玉柱都是对财富有着极度渴望，又用行动去实现梦想的人。

三辞职，求发展

丁磊为追求自己创造财富的梦想曾经跳槽三次，最终找到了人生的支点，成功开启了自己的财富之门。

他对财富有一种发自内心的渴望，不是一个安于平庸的人。同时，他又有一种对专业的热爱，正是对计算机的那种热爱，让丁磊登上了《福布斯》富豪榜。

丁磊的第一次寻求财富之路是离开旱涝保收的宁波电信局独闯广州。那时候人们的思想远没有现在这么活跃，很多人对电信局的工作很满意，认为在那里不愁房子，工资还稳定。但丁磊总觉得那个工作和他的理想比较远，他一直期望自己在计算机方面有所发展。

丁磊偶然发现了创业机会。1993 年，一个叫"火腿"的 BBS 站在北京走红，并被一本杂志大力宣传。丁磊从杂志中看到后，觉得很有意思，就在当天晚上第一次登录 BBS。虽然当时 BBS 的内容很简单，但是丁磊顿时眼前一亮，意识到 BBS 或许会在某方面带来一种变革，但那只是一种感觉。

真正让丁磊受到震撼的是后来的事。一年以后的一天，丁磊拜访中科院高能所的一个同学，在那里他第一次登录 Internet，并在同学的帮助下浏览了 Yahoo，那是他浏览的第一个网站。互联网上的网站让丁磊感到兴奋，在那一刻他似乎找到了未来的事业。他决定离开电信局，去追求自己的计算机梦。

1995 年 5 月，丁磊一人来到了到广州。选择广州，是因为当时广州是中国经济最发达的地区，计算机知识在那里也最有前瞻性。幸运的是，不久丁磊就在一个外企谋得了一份差事。

那家公司完备的奖罚制度和单纯的人际环境是丁磊所喜欢的，但他还是不喜欢整天安装调试数据库，觉得没有创造性，工作一年后他决定离开。不久他成了一家 ISP 的总经理技术助理，在这家公司，丁磊架设了 Chinanet 上的第一个 BBS "火鸟"，结识了很多网友，觉得很有乐趣。然而好景不长，这家公司因为面对激烈的竞争和昂贵的电信收费很难生存下去了。这次他也只能离开了。

1997 年的 5 月份，已经辞职三次的丁磊对自己的前途整整思考了 5 天，最后决定自立门户，干一番事业。在这一年，丁磊用 50 万元资金创办了网易公司。公司刚刚成立的时候，丁磊心中也很模糊，正如他所说："我根本不知道自己的公司未来该靠什么赚钱，只天真地以为只要写一些软件，做一些系统集成就可以了。这种想法后来几乎使公司无法生存。"

创建公司以后，丁磊把眼光放在了 Internet 业务上。经营 Internet 业务，最好能有一台 Internet 服务器放在电信局里，可是，怎样才能不花钱就把自己的服务器架到电信局的机房里去呢？

丁磊将一份名为"丰富 Chinanet 服务，吸引上网时间"的方案送至广州电信局。该方案指出：现在 Chinanet 上的服务很少，因此无法吸引用户上网，用户即便上了网，没有好的服务，也待不住。而网易提供的 BBS 服务能够吸引大批用户上网，并且能让网民一泡就是几个小时。

丁磊说不用电信局出资，广州电信局领导同意了。这个服务和电信局没有竞争，所以丁磊得到了一个 IP 地址，在电信局放置服务器，这就是所谓的服务器托管业务。一般服务器托管，托管的公司每个月要交给电信局不少钱，而网易后来才给广州电信局交钱。丁磊至今还在得意自己当年的方案，觉得方案写得特别好，他说那是一个可以打动任何一个电信局的计划。

丁磊亲自组装了一台硬盘容量是 18G 的奔腾 PRO，其实，网易为公司宣传一个主页和 BBS 根本用不完这么大的硬盘。头脑灵活的丁磊决定向网友免费提供个人主页空间，每人 20 兆，为此，他还专门写了一个程序，它是一个包括计数器、留言本功能在内的个人主页服务系统。

虽然是免费的，但它来网易申请个人空间的人还是很少。一个原因是，那个时候会做主页的人非常少；另一个原因是，网易的影响当时还不是很大，网友对他们并没有太大信心，所以没有积极地把主页放到他们的网站上。丁磊不会干等着，他到处寻找个人主页，看到比较好的，就主动写电子邮件吸引他们到网易上来，说网易可以提供资源更丰富的个人主页空间。

不仅如此，网易还做了一些广告。在北京在线、瀛海威等 5 个当时国内主力站点连续投了 3 个月广告，投入达几万元人民币，此后，到网易申请个人主页的人多了起来，甚至成了一股潮流。

丁磊按着计划一步步地实现着他的目标，他的事业真正有起色是在 1998 年。一天，一个国外大网络门户网站的老板告诉丁磊，他们一个月的广告收入高达 25 万美元。这一下刺激了丁磊，他感觉到广告将成为网站最可靠的收入来源。回国后，丁磊迅速将网易改版，换脸效果显著，一个月后访问量迅猛增长。

网易现在已经是第三大门户网站了，有丁磊当初的努力才会有今日的成绩。有人问到哪个网站好，会有人坚定地说："网易好，我在那有个人主页。"这就是那两万个个人主页用户对网易的印象，他们可以说是网易的铁杆粉丝，他们的支持让网易维持了热度。1998 年，网易每天 10 万人的访问量使其广告销售额在 4 个月内达 10 万多美元。

丁磊常说："人生是个按照计划积累的过程，你总会摔倒，但即使跌倒了，你也要懂得抓一把沙子在手里。"对财富的渴望，和对专业的热爱，使丁磊成为第一个因做互联网而成为超级富豪的国内创业者。

获取财富比拥有财富更快乐

经历过事业大起大落的史玉柱对财富有着更深刻的认识，他最看重的不是财富，而是创造财富的过程。就如同巴菲特所说的："这倒不是我想要很多钱，我觉得赚钱并看着它慢慢增多是件很有意思的事。"

2003 年，脑白金和黄金搭档的知识产权及其营销网络 75% 的股权被史玉柱出售给了段永基所掌管的香港上市公司四通电子，交易总价12.4 亿人民币，其中现金 6.36 亿人民币，剩下部分为四通电子的可转股债券。

史玉柱开始寻找保健品之外的行业，数亿元的现金可以叫他大展拳脚了，他看中的第一个是能够有稳定回报的银行业。或许知道的人并不多，史玉柱是个身家百亿元的金融资本家，他不仅会铺天盖地地投放广告，大卖保健品，他更会投资银行。他是华夏银行的第六大股东、民生银行的第七大股东。购买两家银行的股票是 2003 年的事，投入达 3 亿元，这些股票是随时可以兑现的，并非不能出售的法人股。在银行界，史玉柱也开始大显身手了。因为有大笔现金进账，史玉柱在公司内成立了投资部门，只投资银行和保险业。

在 2009 年的《福布斯》富豪榜名单中，史玉柱以 15 亿美元居 468 位再次上榜。

"股神"沃伦·巴菲特也是极度热爱财富的人，他把赚钱当作游戏和人生动力。他不知疲倦地少量购买美国国家银行的股票，卖掉后再购买一些便宜的股票。

伯克希尔·哈撒韦公司刚刚上市的时，公司股票面值为 7.5 美元，经过巴菲特的努力，每只股票的价格上涨为 2000 美元。巴菲特并没有把公司分成小公司，因为那需要给经纪人支付一笔费用。伯克希尔公司像一个俱乐部，高股价让它吸引了无数目光。

他曾经四处奔波，让人们订阅他的报纸；他骑着自行车经过恶狗狂吠的人家，就为了送完剩在手里的报纸；他在哈佛大学遭到拒绝，又去哥伦比亚大学找本杰明·格雷厄姆拜师；一次彻底绝望后，他向心灵导师戴尔·卡内基求助，因此在所罗门危机中做出了让步；在网络泡沫时代，他没有回击别人的苛刻批评，而是淡然面对之。他权衡利弊，规避风险，所做的一切都是因为对财富的热爱。

他是独立的，有足够竞争力的人，他对财富的热爱更是人尽皆知，他的企业属于自己，而非与本杰明·格雷厄姆合伙，因为他不满足于做一个合伙人。

他果断而强势，适时关闭了登普斯特的物流中心；解雇了李·戴蒙，解散了西伯里·斯坦顿的董事会，这缘于他对财富的热爱。他有足够的耐心，虽然他并不喜欢听从别人；他意志坚定，美国证券交易委员会开展的蓝筹调查没能击倒他；他果断地瓦解了《布法罗新闻》的员工罢工，这些都缘于他对财富的热爱。他热衷于并购，并一次次降低自己的标准，以保持企业的安全，避免损失的出现，这也缘于他对财富的热爱。

服务精细， 好做生意

在生活中，人们都喜欢细心的、有服务意识的人，对于做生意的人，这种意识和行动更重要。细心地发现客户的需求，并给他们带来便利，生意想做得不好都难。创造了不朽商业神话的山姆·沃尔顿和被誉为台湾"经营之神"的王永庆，都曾用精细服务来打动客户，在他们身上有着值得学习的注重细节的特质。他们的成功也由此可以看出端倪。

细心服务，招徕客户

一个思维缜密的人是不会放弃任何细节的，而对细节的注重往往在为顾客服务中起着关键作用。台湾富豪王永庆就是从细节中找到成功机会的人。

王永庆小时候家里穷，没钱读书，也正因此他才走上了经商之路。1932 年，王永庆 16 岁，他从老家来到了嘉义，在那里开了一家米店。可当时，地方不大的嘉义有近 30 家米店，彼此之间有着激烈的竞争。王永庆仅有 200 元资金，没有租大店的资本，就在一条偏僻的巷子里租了个小铺面，开了一个小的米店。他的米店可以说不占任何优势，无论在时间上、规模上还是名气上，他的店刚开时根本无人过问。

因为没有字号、地点偏僻，很少有人愿意到小巷子里去买米，都喜欢在作批发的老字号店里买零米。自己的店不能和周围的大米店抗衡，他曾背着米一家一家地上门推销，但是人们大都认字号，效果不是很好。

王永庆不断思考怎么才能让生意好起来，他觉得应该在服务上提高质量，同时提高产品的质量，以此打造自己的优势。

那时，台湾米店卖的米质量都不是太好，有小石子是人们习以为常的事情，都不太当回事，这是因为水稻加工技术不先进，都是手工作业，水稻收割后是放在马路上晾晒，所以沙子、小石子掺杂在米里是避免不了的。人们做米饭之前都要挑石子，非常麻烦，让人不快。

针对这种情况，王永庆决定给客户提供质量最好的米，为了把米里的秕糠、砂石之类的东西捡出来，他不厌其烦，带领弟弟一起操作，花费了大量时间。就这样，王永庆米店里的米比其他的店质量都好，顾客们看到这种米之后非常高兴，纷纷去购买，生意很快好了起来。

提高米的质量无疑提高了性价比，如此繁琐的工作不是谁都能做到的。

不仅米比别人好，王永庆还改善了服务。买米一般都是顾客亲自来买，有些老人买了之后很难运回去，王永庆发现了这个状况，决定送货上门。很多年轻人忙着赚钱养家，没时间买米，老人运米格外吃力，这种服务满足了很多人的要求，顾客都十分满意。

在我们想象中，送货上门无非是把米送到顾客家里，但是王永庆没有到此为止，他做了更多细节方面的事，提供了大量的增值服务。

每次送米到了客人家里，王永庆都会观察米缸的容量，细心地记下来，而且家里几口人，几个大人，几个孩子，每个人每次吃多少饭他都会记下来，用这些资料判断下次这个顾客什么时候会买米。估计到了顾客家里快买米的时候，不等顾客到他那里去买米，他就会先把米送到顾客家里。这么好的米，直接送到家，正好要买米了，顾客怎么会拒绝呢？王永庆就这样成功地抓住了顾客的心。

他们的服务简直精细得注意到了任何一个细节，把米送到家之后还会倒进米缸。通常米缸里还有陈米，送米的人会把陈米小心地取出来，把米缸擦干净再把新米倒进去，这样陈米就不会在下面时间太长，然后变质了。这样的举动哪个客人看了会不感动呢？客人也不好意思拒绝买他们的米了。

因为很多顾客是靠打工为生的，缺钱是常有的事，王永庆送货上门，常常会碰上客人手头没钱的情况，如果非要客人付钱就显得太不近人情了。王永庆想了一个办法，送米上门，不立即收钱，约好日子再来取钱，一般都约在客人发薪水的日子，这给客人提供了很大的方便，那些顾客都成了王永庆米店的忠实顾客。

王永庆的细心、务实和贴近人情，使嘉义人都知道巷子里有个卖好米，而且送货上门的好米店，店也有了知名度，生意越来越红火。经过仅仅一年多的资金和顾客积累，王永庆自己也决定做米加工了。他办了个碾米厂，在繁华的地段租了一个是原来的米店好几倍大的房子，临街的做米店，后面的地方做碾米的厂子，开始了获得财富的事业。

可以想象，王永庆这样注重细节，这样注重服务，有如此多从细节中得来的智慧，他在做其他生意的时候一定也是常常用上这些方法的。的确，王永庆在后来管理企业中表现出来的对细节的把握令其员工深为叹服。他就是这样一个注重点滴管理的人，他对细节的研究让他细分了很多操作，使其企业的产能大大提高，生产力得到极大的提升。就这样，王永庆从小小的米店生意开始了他后来问鼎台湾首富的事业。

一个细腻的、思维缜密的人，更容易懂得消费者的需求，更容易抓住消费者的心，自然也更容易成功，所以注重细节是一个人很重要的成功因素。

改变细节，打动消费者

沃尔玛超市的创始人山姆·沃尔顿也是思维细腻，懂得把握客户需求，能够用细节打动消费者的人。

20 世纪 60 年代，山姆·沃尔顿在美国成立了沃尔玛百货有限公司。沃尔玛从美国中部阿肯色州的本顿维尔小城发家，40 年后，沃尔玛已成为美国最大的私人企业和世界上最大的连锁零售企业，也是世界500 强企业，它创造了很多奇迹。山姆·沃尔顿成功的秘密就在于他十分注重细节。

山姆·沃尔顿是沃尔玛的精神领袖，沃尔玛是他亲手创立的。对于自己的"孩子"沃尔玛，他从未放手不管。在沃尔玛成立后的 30 年间，山姆·沃尔顿一直主持日常工作，深入每一项工作，牢牢把握着企业发展的方向。

山姆·沃尔顿会充分考虑客户的需求，不断改善服务，得到了很好的评价。一天，一个客户拿着果汁机到沃尔玛换货，说刚买不久就出了问题，营业员毫不犹豫地给换了，还告诉他，最近几天果汁机降价了，要退还给他 5 美元钱，客人非常感动，非常满意地把新果汁机搬回了家。

沃尔玛记录了客人的很多信息，包括年龄、住址、邮编、购物品牌、数量、规格、消费总额等等，客人在任何一家沃尔玛店消费，这些信息都可以从信息系统中调出来。山姆·沃尔顿要求沃尔玛的工作人员记录下这些数据，并依此为客户服务，全球 4000 多家沃尔玛连锁店铺都有这些信息。做客户管理、配送中心管理、财务管理、商品管理、员工服务管理的员工都可以通过这些信息为客人提供服务。山姆·沃尔顿说："我如果看不到每一件商品进出的财务记录和分析数据，这就不是做零售。"

山姆·沃尔顿还善于向竞争对手学习每一个先进的"细节"。斯特林商店首先换掉了木制货架，用金属货架放货，沃尔顿深入了解了之后，马上找人制作了比对手更美观的金属货架，成为全美第一家百分之百使用金属货架的零售店。

本·富兰克特特许经营店开始进行自助销售后，山姆·沃尔顿一点时间都没耽误，立即乘车去考察，他发现那是一个很好的方法，就立即开设了自己的自助销售店，也是美国的第三家自助销售店。

在降低经营成本方面，山姆·沃尔顿也从细节入手。一次，山姆·沃尔顿在一家店里检查，一个店员正好在给客人包东西，剩下了半张包装纸和一段绳子，店员一看没用了就顺手扔掉了。山姆·沃尔顿笑着对这个店员说："我们卖的货赚的钱被你随手扔了啊，其实利润也就是半张纸和那段绳子的钱。"山姆·沃尔顿十分注重成本的管理，他为此专门制订过一些管理制度。

山姆·沃尔顿用的复印纸都是背面无字的废报告，不重要的文件也用单面无字的纸打印，他的工作记录本也是用单面无字的废报告纸裁成的。沃尔玛全体员工从服务到后勤工作，再到从一个个细节上压缩成本，就这样打造出了全球零售业的巨头。

宁可少赚点， 也不要跳陷阱

成功的人不仅懂得进取，更懂得规避风险，安全地取得成果，也就是稳中求进。一些《福布斯》顶级富豪就有着这样的素质，他们找到了稳与进之间的最佳位置，因此冒小风险却获得了巨大财富。

"记住股市大崩溃"

"股神"巴菲特坚守着著名的投资家本·格雷厄姆在《聪明的投资者》中道出的投资中最重要的四个字——"保证安全"的投资原则。

巴菲特认为即使 100 年以后，稳中求进这个原则还会是投资者成功的基本原则。

人们生动地将巴菲特的投资哲学称为"记住股市大崩溃"。巴菲特说要以稳健策略投资，确保自己的资金不受损失，并永远记住这点。因为在风云变幻的美国证券市场上，各式各样美丽的陷阱层出不穷。尽管这些陷阱迷惑了绝大多数的人，并且吞噬了他们的大部分财产，却依旧能够继续对他们构成强烈的诱惑，让他们周而复始地陷进去。

巴菲特认为把握自己能力控制范围内的投资品种，才能算做成功的投资。他说："无论什么经济形态，是高科技还是低科技，是新经济还是旧经济，没有投资风险，同时要在此基础上盈利，这是第一位的。"

在巴菲特的所有投资名言中，最著名的一句是："成功的秘诀有三条：第一，尽量避免风险，保住本金；第二，尽量避免风险，保住本金；第三，坚持记牢第一、第二条。"他坚信，只要有投资泡沫，总有一天会破灭。正是这种稳健投资、不冒险的策略，形成了巴菲特的一大个人特色，伯克希尔公司才有了今天这般巨大的成就。伯克希尔公司在巴菲特执掌期间，股票每股净值由 19 美元增长到 70281 美元，是世界上资产规模最大的公司之一。

在生活中，巴菲特也力求安全。有一次，巴菲特外出和朋友一起吃午饭，那是在曼哈顿的一家餐馆。巴菲特认为那里的一种火腿加乳酪的三明治很好吃，又多吃了一个。几天后，这位朋友又和巴菲特一起吃午饭，巴菲特建议去前几天去过的那家餐馆。朋友说："不是刚刚吃过吗？也是在那里，才没几天。"巴菲特说："没错，吃过了，所以才会再去，我熟悉了那个味道，再去吃就不会错了。"巴菲特作投资和吃饭一样，他认为干轻车熟路的事情是最安全的。

巴菲特从来都对高科技、互联网的股票避而远之，即使他知道这些股票在当时炒得很热，也知道这些股票来源于戴尔、微软和英特尔这样优秀的公司，但是纵然如此，他也无心介入。因为在"股神"的眼中，科技类企业最大的难点在于现金流的估计。巴菲特一直认为自己对于高科技公司不能了如指掌，他说："在投资中我们根本无法解决的一个问题是，我们没有能力判断出高科技行业中，到底哪些公司拥有真正长期可持续的竞争优势。"

1998 年，在伯克希尔·哈撒维公司的股东年会上，巴菲特说："我很崇拜安迪·格鲁夫和比尔·盖茨，我也希望通过投资将这种崇拜转化为行动，但是我从不涉足微软和英特尔股票，我不知道 10 年后世界会怎样。我不想玩这种别人拥有优势的游戏。我可以用所有的时间思考下一年的发展，但我不会成为这个国家这类企业的行家，第 100 位、1000 位、10000 位专家也轮不上我。许多人都分析科技公司，但我不行。"

在网络科技股一路飘红、牛劲十足的时候，巴菲特的好朋友比尔·盖茨为了说服巴菲特投资网络科技股，曾经专门坐飞机飞到奥马哈。在巴菲特的家中，比尔·盖茨给"股神"巴菲特讲了三四个小时，把美好的前景和科技知识一股脑地灌输给巴菲特。可结果是，这位顽固的老人自始至终仍坚持自己稳健投资的原则，无论比尔·盖茨说得多么天花乱坠，巴菲特仍然拒绝购买。最后"股神"巴菲特碍于朋友情面，对比尔·盖茨说："尽管我们公司不买，但咱们是好朋友，我用个人账户买 100 股。"巴菲特说出只买 100 股以后，让这位蝉联世界首富多年的富豪朋友感到既好气又好笑。

当人们知道巴菲特拒绝投资高科技股票的时候，很多人嘲笑巴菲特的投资过于追求稳健，甚至到了保守的地步，大家都认为巴菲特错失了让资产迅速扩大的有利时机。出人意料的是，巴菲特的这种稳健最终获得了回报。当人们被科技股所制造的泡沫吞噬的时候，微软股票大跌，巴菲特却因为没有投资高科技股而幸免于难。这种稳健不仅让巴菲特逃过了灭顶之灾，还让他脱颖而出并超越连续几年的世界首富比尔·盖茨，成为 2008 年的世界首富。

巴菲特理性投资的风格人人皆知，稳健是理性投资最大的特点，让他们的资金以中等速度增长。有人分析过，巴菲特投资的主要目标为具有中等增长潜力的企业，这些企业具有持续增长的特点。投资股市时，巴菲特会为自己定下合理的长期平均收益率。

长期投资的一个优点就是能够集中资金做稳健投资，巴菲特的智慧在这方面得到了充分的发挥。

中石油 H 股于 2000 年在香港上市，上市后不久就跌破了发行价。2003 年 4 月，巴菲特分析后得出结论：中国是全球经济最活跃的亚洲地区经济的引擎，中石油是中国重要的企业，石化、钢铁、电力等基础性行业都有很好的发展；另一方面，当时正处于美国攻打伊拉克战争结束之后不久，又遭遇全球"非典型肺炎"危机，这些困扰全球经济发展的不确定因素，导致投资者犹豫彷徨。

巴菲特仔细研究阅读了中石油 2001 年、2002 年的财务报告，考察了中石油的内外环境和外部环境。

2003 年 4 月，巴菲特主动出击，投资中石油。他购买了大量中石油的股票，成为其第三大股东，仅次于第二大股东英国石油公司。无疑，他在研究的基础上，迅速抓住了时机。巴菲特对其投资的中石油股票非常看好，认为这只股票是其投资的所有石油公司中业绩最好的股票。

2003 年 10 月，涨幅 83% 的中石油雄踞香港股市涨幅榜第一名，巴菲特这个时候已经在这只股票上赚到了 28 亿港币。

而在 2007 年，巴菲特果断地出售了中石油 H 股股票，这是他的又一壮举。当时有很多人嘲笑巴菲特"失算"了，因为巴菲特把中石油的股票卖出后，中石油的股价仍在迅速上升。而很快股市大调整来了，中石油股价立即下跌，巴菲特当初确实预料到了未来，把握了最后的胜机。

这个精明老者的投资谋略可以归纳为"5 + 12 + 8 + 2"的制胜暗语，其中最能体现其周密稳健性格的就是"12 项投资要点"。比如，长线投资也是买价决定报酬率的高低；价值型与成长型的投资理念是相通的；价值是一项投资未来现金流量的折现值，而成长只是用来决定价值的预测过程。

巴菲特热衷于长线投资，因为他能够在马拉松式的投资中获得长期回报。长期回报率是非常稳定的，这也是被美国 200 多年来股市发展的历史证明了的。对历史的了解和对眼前股市的研究，使巴菲特从来不会因为股市短期波动而采取行动，去追涨或者杀跌，他只要选择了投资一只股票，基本上都会长期持有，从而不断地从中获得回报。

在巴菲特的家乡奥马哈市区，有家全国最大的家庭用品商店——内布拉斯家具店。1937 年，罗斯·布兰肯女士投资 500 美元，创办了这家家具店，然后坚持"价格便宜，实话实说"的经营策略，其生意蒸蒸日上。

巴菲特看在眼里，记在心上，认为这种经营策略正符合自己的长期投资理念，于是决定集中投资这只股票。

1983 年，巴菲特的伯克希尔公司收购了内布拉斯家具店 80% 的股票，20% 留给了布兰肯家族。仅仅 10 年后，内布拉斯家具店的年销售额就增长到了 1 亿美元，每年为伯克希尔公司创造税后利润 2154 万美元。

谢尔盖·布林让 Google 平稳上市

稳中求进是所有的企业家都想做到的事，沃伦·巴菲特凭借自己的周密思维与谨慎态度铸就了在平稳中壮大发展起来的伯克希尔帝国，也使自己成为令无数人对其顶礼膜拜的"股神"。Google 创始人之一谢尔

盖·布林同样在股票市场的惊涛骇浪中依靠稳健的作风推动着 Google
平稳上市。

2004 年谢尔盖·布林平稳解决了 Google 公司的一个难题。在这一
年，规模不断扩大且 Google 公司实行员工持股，股东人数已经超过 500
人。按照当时美国证券法的规定，公司需要发布财务公告，并在到达该
门槛的当年，达标之后的 120 天内提交相关的财务报表。

出现这样的情况，一般情况下，公司无非面临三种选择：一是调整
股权结构，将股东人数降低到 500 人以下；二是将公司变为私营公司，
却像上市公司一样发布财务报告；三是挂牌上市。

公布财务报表这个方式无疑会让 Google 公司这枚火箭的内核全部
暴露出来。谨慎的谢尔盖·布林不想让公司上市，他既害怕专利信息和
公司真实的运行内容被竞争对手知道，也不愿意去应付可能会出现的华
尔街的短期狂热潮。

为了避免股价出现"井喷"，谢尔盖·布林设计出方案，选择了一
种与众不同的首次公开募股（IPO）模式——减价拍卖。他希望整个上
市过程公开透明，让公司用户也有机会参与首次公开募股（IPO）。

首次公开募股的这种方式，不是让投资银行家随意设定股票的最低
价格，或者按照原来确定的价格把股份分配给他们看好的客户。Google
公司创始人谢尔盖·布林想出了更加平等的方法——他们举办了一个类
似于谷歌过去销售广告所采用的那样的拍卖会。谷歌设定最低价格，任
何人在网上竞价达到或者超过最低报价，就可以获得最少 5 股股票。

谷歌创始人没有像通常那样，向销售股票必不可少的华尔街承销商
支付 7% 的费用，而是把费用削减到 3% 左右。为了保护他们视为
Google 公司"核心价值"的东西并保持长期受关注，他们将执行双重
类别的股票所有权。卖给公众的 A 类股票，每持有一股将具有一票表
决权；由公司创始人和高级管理人员保留的 B 类股票，持有人每股将能

够得到 10 票表决权，并占有表决权的 61.4%。

用拍卖的方式能更合理地确定股价，而且 Google 公司上市后股价也能够保持平稳。减价拍卖，这与 Google 公司销售广告的竞价模式如出一辙，是极为一致的方式。这种方式也有利于个人投资者和机构投资者都能平等地参与股票拍卖。

2004 年 8 月 19 日，Google 公司的股票开始在纳斯达克上市交易，Google 公司上下对于这件事情表示极为关注。Google 公司另外的创始人之一拉里·佩奇做了一件极不寻常的事情，他穿上了西装，而不是平常的黑色 T 恤和牛仔裤，和施密特前一天晚上连夜飞往纽约并在纳斯达克交易大厅进行公开交易。然后，他们返回摩根斯坦利集中精力观看。股票交易进行着，股价起落不定，一直波动着。拉里·佩奇紧张异常，立即打电话催促谢尔盖·布林赶往纽约。

然而谢尔盖·布林的骨子里流淌着平稳和自信的因子，在上市的这一天他淡出了公众的视野，一直在山景城工作。他接到佩奇邀请他去纽约的电话后，拒绝说："这将传递出错误的信号。"他要把这一天当做一个普通的工作日，并声明首次公开募股不是为了发财而是为了谷歌的发展。

一开盘，股价次日就攀升到了每股 108.31 美元，上涨了 18%，成交异常活跃。谷歌就这样成为了上市公司。

上市后，Google 公司的发展更是得益于它长期稳健的经营。到 2005 年 1 月 31 日，股价突破了每股 200 美元。在很大程度上，股价猛涨是因为投资者第一次有机会窥探谷歌的分类账目表。人们看到，Google 公司的营业收入从 2001 年的 8600 万美元飙升到 2003 年的 15 亿美元，似乎注定要在 2004 年年底增加一倍。2003 年 Google 公司的净利润达到 1.056 亿美元，第二年有望增加近两倍。而且，刚刚开始的广告联盟网络方案贡献了全部收入的一半，Google 公司远远领先于它的两个主要搜索竞争者，其用户是雅虎的近两倍，是微软的三倍还多。

Google 公司几乎没有债务，虽然雅虎终止了他们之间的搜索合同，但这只占到 Google 公司总收入的 3% 左右。后来，悬在 Google 公司头上的 Overture 专利诉讼也被它的母公司雅虎撤销，换回了 270 万股 Google 公司的认证股权。人们还看到，Google 公司也给了它的熟练劳动力很多奖励，谷歌通常会预留大约 12% 的总收入奖励其员工，有近 4000 万股票期权。

2010 年 8 月 19 日，Google 公司迎来首次公开募股（IPO）6 周年纪念日。与 2004 年 8 月 19 日 Google 公司 IPO 时相比，谷歌股价在 6 年中令人难以置信地跃升了 389%。

平稳的上市让 Google 公司这艘大船渐渐驶进了快速行进的航道，谢尔盖·布林的沉稳性格保证了公司安全健康的发展。

追求完美， 成就卓越

很多顶级富豪都拥有完美主义的特质，这种特质让他们专注、谨慎、自我要求严格，也因此做出了好的产品，或者有更好的资本运作模式。

求完美，铸股市"神话"

沃伦·巴菲特在风云变换的股市中屡屡得手，他从来不说自己勇敢，只是说自己追求完美。这使他做事专注，坚持自己的判断。

曾经在与比尔·盖茨一家欢聚的鸡尾酒会上，比尔·盖茨的父亲问了大家一个问题：人一生中最重要的是什么？巴菲特的答案是"专注"。

专注是巴菲特行为的重要标准。专注是什么？专注是不随意改变主意的作风，一种精益求精的态度，也可以说是对完美的追求。

在生活中，沃伦·巴菲特时刻表现出做事的专注。一次，沃伦·巴菲特外出，突然想上洗手间的时候却发现了问题，洗手间的门上挂了一个"NO TP"的牌子。巴菲特一时间没有搞懂，便叫来了两名随行人员，这两个人也都没有明白它是什么意思，最后他们猜测可能是洗手间里的管道出了什么问题，不能使用了。

这一件小事情，在场的所有人都没有在意，只有巴菲特念念不忘。当晚，巴菲特坐在自己的房间里，吃着零食，喝着可乐，一直想洗手间牌子上"NO TP"的意思。门为什么是锁着的？第二天，所有客人都没明白究竟是什么意思。后来他们才知道，意思是洗手间里没有可以处理厕纸的可触管道（TP 为 Touchy Plumbing 的英文缩写）。谜底揭开了，巴菲特终于解脱了。

在投资的过程中，巴菲特对事物的专注，使他极其容易成为行业专家，从经营者的角度去看问题。

只要稍加留意你就会发现，保险、媒体、消费品、供电、纺织等公司都是巴菲特所钟情的，因为这些都是巴菲特最具专业知识的领域。这些传统行业相对来说已经进入了成熟发展期，经营业绩稳定，盈利具有持续性，这对投资人自然有很大好处。

正是由于专注，巴菲特才会有自己的主见。他说："就算美联储主席偷偷告诉我未来两年的货币政策，我也不会改变我的任何行为。"如此，更能体现一个"股神"的自信和霸气。

巴菲特持有《华盛顿邮报》33 年，投资收益为成本的 127 倍。这是他专注的结果，如果他中间改变主意，也许中途只能赚到成本的 1 倍、2 倍、3 倍或者 10 倍。

巴菲特对自己买进的每一只股票都表现出独特的专注，可口可乐股票就是一个例子。

1989 年，巴菲特以 10 亿美元投资可口可乐，过了 7 年就涨到 90 亿美元，第 8 年又涨到 120 亿美元。任何人都知道，这样的收益已经是不可多得的了，按照市场规律，接下来，该股票很可能出现回落，可是巴菲特却并不抛售。在一片唏嘘声中，迎来了 1999 年，这时候，网络科技股票大涨数十倍，甚至百倍，但巴菲特按兵不动。其后，可口可乐公司股票跌了一半多，人们开始慌了手脚，害怕自己血本无归，此时的巴菲特依然坚持自己的想法。时至今日，当人们因为抛售可口可乐公司股票而捶胸顿足时，"股神"巴菲特却赚了个盆满钵满。

1985 年对巴菲特是至关重要的，可以说是值得纪念的年头。巴菲特把通用食品公司（General Foods）卖给菲利普·莫里斯时，这只股票就使伯克希尔公司有了 3.32 亿美元的收入，一周之内，"福布斯"也开始了对巴菲特的关注。将巴菲特列入了《福布斯》世界前 400 名富豪名单中。当时，要进入《福布斯》的财富名单，就意味着你的身价必须超过 1.5 亿美元，巴菲特做到了，当时的他只有 55 岁。

从此以后，巴菲特经常能接到关于询问伯克希尔公司股票情况的信件。起初，信件的内容还很温和，有人曾向巴菲特咨询关于山楂疗法的事宜，还有人希望巴菲特能够为一种全新的冰激凌配方提供启动资金。后来，信件内容越来越丰富了，很多人甚至和巴菲特倾述，讲自己对生活和命运的失望。有人说："巴菲特先生，我厌倦了平凡的生活，我想过上富人的日子，对财富的渴望快要使我燃烧了，你可以给我点钱吗？你是那么有钱的人。"有人说："现在我的头脑里只有信用卡和账单。"

我们可以从中想象，一个亿万富豪会理会这些平常人的抱怨吗？然而巴菲特的做法出乎我们的意料，他把每一封邮件都看得很重要，他收藏了那些邮件，而且他做了分类，非常认真地对待它们。在这些信件中，有些内容甚至深深打动了巴菲特，如果有时间，巴菲特会亲自回信，坚定地告诉来信者要怎么做，怎么为自己做的事情负责。对陷入债务的来信者，巴菲特像对待学生甚至孩子一样，教他们怎么和债权人沟通，告诉债权人他们的状况有多糟糕，让他们争取较低的偿还利率，争取还债的时间。可以说巴菲特深深地理解和他交流的人，因为他知道陷入债务的尴尬和窘迫，尤其是债权方是信用卡部门或者垃圾债券部门时，麻烦将会源源不断。教别人的同时，他也在梳理自己的思想和思路，告诉自己应该怎么走好每一步路。

巴菲特有很多角色，在商界，他是领航者，在晚辈面前，他是一个有耐心的老师，他总有很多精力去应付一个又一个角色。

巴菲特创造的财富传奇数不胜数，这和他的性格密切相关。而我们要学习的，就是他这种专注的精神、追求完美的作风和完成伟大事业的决心。

不懈追求，圆图书数字化的梦想

互联网并未拥有世界上所有的信息，1995 年之前几乎没有创建过任何文本，但是图书馆却收藏了千百年来记录的丰富信息。图书馆是搜索图书的地方，因为 95% 的刊印图书已经绝版。那些最大的图书馆用数十年甚至数百年来经营图书收藏，藏书非常珍贵，因为大约有 75% 的图书不再刊印，其中一些是很古老的图书。

谢尔盖·布林一直想建立一个电子图书馆来完善互联网上的信息，尽管在他们创立谷歌和致力于网络搜索时将这个理念暂时搁置了，但从未放弃过。追求完美的谢尔盖·布林希望能像托勒密家族那样接近这一宝藏。2002 年，这个宏伟的计划开始启动了。

谢尔盖·布林必须面对的第一个问题就是如何将图书变成数字格式。将图书变成数字格式，一般的做法是用一架照相机，一个人翻书页，同时另一个为每一页拍照，这样就将书变成了数字格式，但是布林和佩奇计算了这个方法，数字化一本 300 页书的时候是 40 分钟。显然这种做法很费事，如果用这个方法计将 700 万册藏书数字化，需要的时间是 1000 年。

追求快捷的谢尔盖·布林和拉里·佩奇在这个过程中发现了商机。他们利用自己在编程上的优势，创建了一个页面识别软件程序，可以识别超长尺寸的图书和 430 种不同语言的罕见字体。同时雇佣机器人工程师，研制出翻页机和扫描仪，由此将图书数字化变简单了。

所有准备工作完成后，谢尔盖·布林带领一个团队开始访问大型图书馆。他们说服了当地大学的校长，说谷歌可以在 6 年内完成 700 万册藏书数字化的任务。

经过一年多的讨论，牛津大学成了"谷歌图书搜索"倡议的首位合作伙伴，它与谷歌达成协议，在三年内将其 100 余万册 19 世纪的藏书数字化。之后，谷歌公布了其合作伙伴的名单，它将把五个图书馆——哈佛大学、密歇根大学、牛津大学、斯坦福大学和纽约公共图书馆的图书数字化。与每个伙伴的合作，谷歌都将支付所有费用，实现他们建立世界上最大的数字图书馆的愿望。从斯坦福大学时代起，拉里·佩奇和谢尔盖·布林从来没有放弃他们将图书数字化的梦想。

计划宣布以后，一时间争论四起。法国国家图书馆的官员立即抱怨说这是偏见。他们抱怨谷歌的数字化方案偏向英语语言类图书。争议的平息相对比较简单。首席执行官施密特前往巴黎解释这项计划，谷歌也会将这项业务扩展到外国图书馆。这从一开始就是拉里·佩奇的目标，他的目标简直是和托勒密一世的目标一样雄心勃勃。"我们需要世界上所有的书籍，每一种语言的。"

拉里·佩奇以为他们的图书馆计划会很快实现，但是没有想到遇到了很大的困难，问题的焦点是版权。

最初出版商供应图书，谷歌将其数字化，把它们放到网上，向公众提供图书的简短摘要，并提供网站链接，感兴趣的读者可以到那些网站购买图书。谷歌将支付所有费用，甚至不收取任何买方参考费用。出版商也可以像其他广告用户那样，在显示文本旁边做广告，支付竞价点击费用。在图书版权保护的情形下，人们可以通过搜索来找书的信息，但谷歌每次将只提供简短片段，不提供全文。有些出版商还要求，每月展示的书的文字量为全书的 20%。

拉里认为，这样做对出版商的主要好处是推广了图书的内容。然而大多数人不愿意在网上阅读整本书，如果他们发现一本书十分有趣，他们宁愿购买便于阅读的纸质版本。谷歌的这种做法是提供一种"类似于走进书店翻阅图书的体验"。

但是，有关这一方案的争论不断。仍然在不断再版的图书没有任何问题，有问题的是绝版图书，因为其中很多仍然受版权保护，而版权所有人往往难以找到，较早出版的作品尤其如此。

谢尔盖·布林为了实现心中完美的数字图书馆计划，开始在长久的诉讼中进行妥协。2008 年 10 月 28 日，他们就谷歌图书搜索事宜与出版商达成了和解。为了获得免费提供绝版图书全文版本的权利，谷歌同意总共支付 1.25 亿美元。这些钱来自谷歌从作品出版中获得的收益，它被支付给作者和出版商。谷歌还同意建立一个非赢利性的图书版权登记处，以便设法确定版权所有人，收集并保存他们版权的细节，为版权所有人提供一种申请加入或退出项目的途径。

技术的完善化，让在线或者通过专门设计的数字化阅读器来阅读正版的数字化图书变得更加容易了。随着图书数字化进程的加快，电子出版技术也将使数百万读者得以共享图书。

崇尚完美主义的谢尔盖·布林并没有制造问题，他只是在为互联网引发的势不可当的趋势推波助澜。由此他完成了一次自印刷术发明以来的最大的文明革命。

第 6 堂 规则课：
学会计算，改变游戏规则

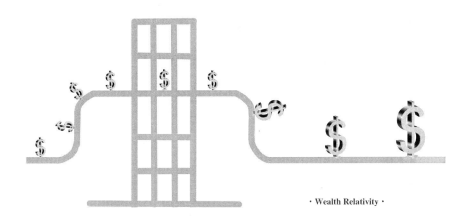

· Wealth Relativity ·

有能力的人是可以改变规则的，尤其是具有那些难以掌握的能力，比如数学中的计算能力。《福布斯》富豪榜上的人很多都有着惊人的数学天赋。很多富豪的父母或祖辈的工作和数学有着不可分割的关系，所以他们的数学能力多半来自遗传。

他们通过优秀的数学头脑，创造高新技术，让计算机行业突飞猛进，自己占有先机；他们通过计算，打破常规，选择最好的商业模式；他们思维缜密，做出明智的选择，实现损失最小化，利益最大化。他们用数学能力改变了商业规则。

戴尔公司总裁迈克尔·戴尔、微软创始人之一保罗·艾伦、Google公司创始人谢尔盖·布林和拉里·佩奇等都是这样的人。无论我们的数学能力如何，都应该学习他们善于改变规则的思维方式，因为没有改变，没有创新，就不能抢占先机，就很难取得成功。

无论懂不懂技术，都要重视技术

有数学天赋，最起码的好处是善于计算，那些善于计算的天才也都善于从事信息技术的开发。被媒体评价为世界十大创业黄金搭档的谢尔盖·布林和拉里·佩奇以及微软创始人之一的保罗·艾伦，这些有着很高数学天赋的人都成了计算机行业或信息技术行业的大腕。所以，无论懂不懂技术，都应该重视技术。如果你没有这几位的技术天才，找来这样的合作伙伴也能够助你成功。

"数学双杰"炮制计算秘诀

被人们称为"数学双杰"的谢尔盖·布林和拉里·佩奇是得力于

自身计算能力强的富豪代表。此二君便是 Google 公司的创始人，他们在《福布斯》富豪榜上并列第 11 位。两人因超强的计算能力，给 Google 公司带来了新技术。在网络搜索技术以破竹之势席卷世界的大潮涌来时，Google 是在浩如烟海的信息技术公司中成长最快、最具影响力和最赚钱的技术公司之一。

Google 公司的核心业务就是向其他大型网站出售其独一无二的搜索技术。这种发财"秘方"最初就是谢尔盖·布林和拉里·佩奇靠自己的专业知识研究出来的。随着公司的发展，技术也在不断的完善，但依然是在谢尔盖·布林和拉里·佩奇成果的基础之上。可以说，布林和佩奇把网络搜索这件事情做好了，也做成了改变人们生活的伟大事业，由此受到了全世界的关注。

Google 公司总有惊人之举，每一个产品都会引发风潮，甚至创造一种文化。它已经成为技术行业的指向标，以至于《福布斯》杂志评价此二人时写道："Google 的两位创始人驾驶着由他们亲手设计的搜索引擎，为网络技术市场注入了一股全新的动力，上演着继比尔·盖茨之后的又一幕创业神话。"

Google 取得的成功源于其创建者——谢尔盖·布林和拉里·佩奇的想象力，也源于他们从父母那里继承的数学天赋。

谢尔盖·布林曾说，对科学和知识的热爱，以及把美妙的数学付诸实践，这些是父母传给他的使他成功的优秀品质，可见他是有着超级数学天赋的人。

谢尔盖·布林出生于莫斯科，5 岁时，随父母一起来到美国。其实，他家学渊源深厚，祖父是位数学教授，曾祖母早年离开前苏联到美国芝加哥大学学习微生物学。他的父亲迈克尔·布林是个数学家，抵达美国后，在马里兰大学从事数学教育工作，母亲尤金尼亚·布林则是美国宇航局的一名专家。

由于受家庭影响，谢尔盖·布林从小就接触到了自然科学，并对其产生热爱，对数学兴趣更大。他在数学方面也表现出天赋，很快被公认为是数学天才，数学基础也让他在计算机方面表现出卓越的才能。念小学一年级的时候，布林就曾向老师提交了一份有关计算机打印输出的设计方案，令老师大为惊讶。布林 9 岁时，便能独立使用 Commodore 64（早期小型计算机），中学时已经可以自己修改打印机程序了。

无独有偶，Google 的另外一名创始人拉里·佩奇与谢尔盖·布林有着相似的家庭背景和个人经历。佩奇的父母都从事与数学相关的工作，他们是密歇根大学的计算机科学教授和电脑程序老师。佩奇受父亲影响最大，从小就学习计算机知识。后来佩奇考进密歇根大学，顺利地拿到了计算机工程学士学位。

1995 年夏天的一天，两个拥有数学天赋又沉醉于计算机的年轻人——拉里·佩奇和谢尔盖·布林相遇在斯坦福大学的数学爱好者聚会上，他们的人生也被改写了。日后，他们用自己的数学天赋和计算机知识征服了世界，并一起创建了著名的互联网搜索引擎公司 Google。

让人意想不到的是，两个才华横溢的人第一次相遇并没有产生"一见钟情"的感觉，相反，他们都很有主见，对很多问题存在意见分歧，并针锋相对互不相让。

布林和佩奇经常走在旧金山的小山之间，他们不断激烈地争论，各种城市规划方式的优劣也是他们辩论的内容之一。这就是"如切如磋，如琢如磨"。拉里·佩奇与谢尔盖·布林不断争论，不断互相影响，互相提高，最后有了共鸣，决定一起挑战计算机学中的难题——搜索引擎。

当两位数学天才在斯坦福大学学习的时候，正值互联网技术第一波热潮时期，整个斯坦福大学计算机系都在谈论网络未来的发展。当时，基于网络技术的很多应用产品已经在市场上出现，包括第一个网络浏览器 Navigator 和第一个网页搜索引擎 WWWW (World Wide Web Worm)。

佩奇和布林因为网络的数学特征, 开始思索网络链接结构的奥妙。佩奇把这个项目称为 BackRub, 是要发现网络中的链接, 对他们进行存储和分析, 然后把它们在网上重新发布。佩奇曾说过, 网络是每个人都可以为一些事情作评论、发表评论的地方。他说, 早期的超文本因为缺陷不能反向追踪链接, 他们所做的 BackRub 就是要作反向追踪, 能搜到网上的所有链接, 而且能把他们倒回去。这让他觉得这件事情酷极了。

在研究的最初阶段, 搜索整个网络, 计算出一共有多少个链接是布林和佩奇的主要任务。通过研究, 他们估算出网络文件总数据大约有1000 万, 链接数量大概在 1 亿个左右。存储网络上的所有链接是一件雄伟的工程, 要是没有布林和佩奇的数学天赋以及丰富的电脑知识, 他们很难完成这件事情。

佩奇和布林经过几个月的努力, 终于完成网络搜索并存储了网络文件链接图, 然而他们又面临着一个更加挠头的问题, 就是如何找到评定等级的方法。

当时, 某个关键词在一个文档中出现的频率越高, 该文档在搜索结果中的排列位置就要越显著, 这成了业界对互联网搜索功能的理解。而佩奇和布林则并不是这么想的, 他们认为, 一个文档在其他网页中出现的频率和这些网页的可信度决定了文档在搜索结果中的位置, 也就是网页在受众中的知名度和质量决定了它们的位置。

在对文献引用进行分析的基础上, 佩奇有了自己的理论, 认为计算所有指向某网页的链接数量, 能成为确定这张网页的等级的指导因素。这个思路也带来了新的问题, 递归性数学运算非常困难, 因为要计算的链接数量很多, 不仅仅是一张网页上的, 这种运算是难度很高的工作。

但聪明的布林还是成功解决了这个难题, 他利用自己极强的数学能力和善于基于 HTML 编程的本领, 短时间内就利用 TeX 语言编写了一款网页内容排列软件，并将其用在了技术论文的网络共享上。

在研究的过程中，佩奇和布林经过大量的数学运算，发明了一种决定网络搜索顺序的新算法，他们把这种新算法的名称取自佩奇的姓（Page），因此叫做 PageRank。这种算法也就是"网页级别"技术，即通过该页面的重要性和在网上被链接的频率来排列这个网页的位置，在互联网上指向这一页面的重要网站越多，该页面的位置就越靠前。Google 会计算出一个网站被其他网站索引的数量，比如你搜索"模特"，Google 会搜索出所有涉及"模特"的网站，然后将其中出现频率最高的网页排在前面。所以，Google 的搜索结果是靠计算机技术完成的，是公平的，是计算机程序按照点击率自动排列出来的。

布林和佩奇研究出的 PageRank 成为日后众所周知的促成 Google 建立的神秘技术。

当初，为了检验 PageRank 在用于用户搜索程序的效果如何，佩奇和布林一起编写了一个 BackRub 搜索工具。不久后，一款名为 BackRub 的网页链接工具诞生了，这款软件最大的创新之处在于，不但可以算出网页被谁链接，还可以找到网页链接的历史纪录。

布林和佩奇把这个 BackRub 搜索工具放在斯坦福大学服务器上供人试用。后来他们发现：每天有成千上万的人在使用原本只有数位导师才知道的 BackRub 系统。他们的技术让那些市面上的搜索软件都失去了优势，顿时，布林和佩奇二人意识到了搜索技术背后的巨大商机。

当布林和佩奇凭借卓越的数学天赋和丰富的计算机知识研究出 PageRank 算法，并发明了 BackRub 搜索工具后，两个数学天才当时并不是如多数人想象的那样，马上开创了自己的公司。回顾 Google 公司的历史，Google 的成立似乎有一种悲壮的色彩，它是两个创始人做了一系列思想斗争后的艰难选择。

刚开始的时候，佩奇和布林并没有想创业，因为他们成长在充满学术气息的环境中，认为经营一家公司是一件苦差事。更为重要的是，佩奇在父亲临终前曾发誓要拿到斯坦福大学的博士学位，当作给逝去的父亲的生日礼物。Google 的另一位创始人布林也不想中途辍学。

研究成果出来以后，布林和佩奇认为，与雅虎、Excite 以及其他的公司资产估价已经达到几亿美元的大牌公司竞争，他们很可能会被这些规模更大、资金更雄厚的公司挤垮，成立新公司无疑是一种冒险的游戏。佩奇和布林决定采取更保守的方式，把使用权卖出去，有了一家大公司接受使用权，他们就不用承担创立新公司的风险了。

有这个想法后，两个人都十分欣喜。更可喜的是，布林和佩奇刚刚要出售技术使用权就有人慕名而来。此人就是风险投资公司—KPCB 公司的合伙人之一维诺德·科斯拉。科斯拉被 Google 的技术和理念深深打动，他十分乐意通过自己的广泛人脉把他们的技术推销出去。科斯拉极力劝说自己曾资助过的、刚刚上市的 Excite 公司购买这项技术和接受这项技术的发明人的服务。为此，科斯拉、佩奇和布林多次互发邮件，商量有关事宜。然而，最后 Excite 公司还是没有购买这项技术。

在这项成果研究出来后的 18 个月里，布林和佩奇这两位年轻的发明者几乎跑遍了硅谷的每一家搜索公司，不断的向那些搜索公司展示他们研究成果的精妙之处，出人意料的是几乎每一家公司的主管都觉得他们的技术很有趣，但是都拒绝购买或投资。多次被拒绝以后，布林和佩奇十分消沉，两个甚至把他们的技术带给几家风险资本家看，令他们意想不到的是，风险投资家也拒绝了他们。这并没有减少他们对这个成果的信心，他们仔细分析了被拒绝的原因，认为技术还可以再完美一点，于是决定将技术进行到底，他们回到斯坦福继续改进他们的研究成果。

布林和佩奇都喜欢数学方程式，他们习惯了一种将复杂事情转化为简单程序的处理方式。随着时间的推移，很快到了 1998 年底，Google 每天要回答 1 万多条查询。善于举一反三的佩奇和布林马上意识到，靠他们求人弄来的最便宜的设备很快就无法满足 Google 的需要了，只能自己开办一家公司。

两个人开始着手准备。在创业路上，他们遇见了人生中的第一个贵人，此人就是他们的一位导师——戴维·切瑞顿。切瑞顿是斯坦福大学分布式系统项目组的负责人，在筹建公司方面经验丰富。创建了网络技术开发公司 Granite System，以 22 亿美元的价格将其卖给思科的人就是他。切瑞顿还给布林和佩奇介绍了一个早期投资家，那个人就是安迪·贝托尔斯海姆，因此布林和佩奇有了开办公司的资金。

布林还记得从切瑞顿处回来以后，当天夜里，他给贝托尔斯海姆发了一封电子邮件，要求与他见面会谈，并且很快得到贝托尔斯海姆的回复。他提议，第二天早上 8 点，双方在帕洛阿尔托的切瑞顿家的门廊见面。

据佩奇回忆，在帕洛阿尔托的门廊里，布林和佩奇对技术进行了演示，安迪对他们进行了很多次提问，后来说不想浪费时间，直接要开支票给他们。

令布林和佩奇欣喜的是，贝托尔斯海姆如此爽快地答应出资帮助他们。当贝托尔斯海姆去他的汽车里取支票簿的时候，布林和佩奇两人匆忙考虑了一下要多少钱以及要对公司作出怎样的估价。贝托尔斯海姆回来后，他们给出了一个估价。

出乎他们意料的是，贝托尔斯海姆说，这个数不够，应该是这个数的两倍。之后，贝托尔斯海姆问支票抬头写谁。当时，布林和佩奇都没有想好公司的名字，贝托尔斯海姆建议他们用这项服务的名字——Google，他们欣然同意了。几分钟后，佩奇和布林得到了一张 10 万美元的支票。就这样，一个网络神话诞生了。

1998 年 9 月 7 日，Google 公司正式成立，佩奇做首席执行官，布林做总裁。

数学天赋帮助布林和佩奇研究出了搜索算法，因此在公司命名的时候，两位数学天才不能将数学推至一边。公司的名字源于其服务的名字。因为布林和佩奇研究出来的搜索算法很容易让人联想到互联网上信息无穷无尽的特点，所以有人提议用"Googol"，意思是 10 的 100 次方，即 1 后面跟 100 个零。这个词是 1920 年数学家爱德华·凯斯纳的侄子向他提问时创造出来的。1938 年，该词在凯斯纳的《数学与想象力》一文中第一次出现。在以后的数学教程中就用"Googol"这个词表示难以理解的数量，例如宇宙中的亚原子粒的数量。在"Googol"的基础上还出现了另一个单词"googolplex"，用以表示更庞大的数量，因为它代表 10 的"Googol"次方。

因为支票上使用的是"Google"，所以公司的名字顺理成章地也是"Google"。凭借强大的计算能力，Google 公司在众多搜索公司中独占鳌头，获得了巨大财富。

Google 公司刚刚成立时，布林和佩奇租了斯坦福大学一名刚刚毕业的 MBA——苏珊·沃吉西基的一间车库。而那个时候，Google 公司仅仅有三名员工，Google 公司的创业史也就从这间车库开始了。

布林和佩奇喜欢解答复杂的方程式和数学运算，所以养成了勇于探索和吃苦耐劳的习惯，以致于他们经常不分昼夜地在车库里工作。Google 公司初成立时，把主要的精力放在了为下一次融资作好准备和进一步改进服务上。布林和佩奇依然在努力，Google 传奇还在继续。

凭计算做成行业老大

凭借计算机技术成为行业老大，Google 绝不是一个先例。众所周知，微软公司也是靠计算机技术独步天下的。但是，在研制微软的程序过程中，保罗·艾伦功不可没，虽说他的名气并没有微软董事长比尔·

盖茨的大，他的光芒也没有比尔·盖茨多，但不可否认，微软今日的成就和他息息相关——盖茨创立的是微软的 60%，剩下的都要归功于保罗·艾伦。

1968 年，在一所知名私立中学读书的艾伦结识了校友比尔·盖茨。艾伦的博学让盖茨佩服不已，在计算机方面极有天分的盖茨也让艾伦发自内心地欣赏与羡慕。就这样，两个互相欣赏、有着共同语言的年轻人成了好朋友，并且他们经常占用学校唯一的一台计算机，不断研究。渐渐地，他们的计算机能力不断提高，为以后事业的成功奠定了基础。

1972 年的一个夏天，保罗·艾伦在漫不经心翻看一本名为《电子学》的杂志的时候发现，个人计算机的雏形"阿尔塔"（牛郎星电脑）正需要开发一种与其 8008 集成块相匹配的 BASIC 工作语言。看到这一消息，蛰伏许久的保罗·艾伦发现了商机，于是与比他小两岁的比尔·盖茨说不能再等了，机会已经出现了。两个人找到那家公司，信誓旦旦地声称他们熟悉这方面的编程，并顺利接下了这个工作。实际上，他们当时根本没有"阿尔塔"，阿肯计算机中心成了艾伦的选择，他在那儿用 PDP 计算机工作。

在只有一本 8008 使用手册的基础上，保罗·艾伦凭借着丰富的技术知识和熟练的操作技巧设计用 PDP－10 模仿 8008 集成块，这一想法对那些工程师来说几乎是很不现实的，而在计算机天才保罗·艾伦看来却是可以攻克的。保罗·艾伦和盖茨两个人把自己关在房间里，埋头苦干了 8 个星期。蓬头垢面地从房间里走出来时，他们兴奋不已，因为一套 BASIC 语言被他们开发出来了。从此"阿尔塔"有了属于自己的程序语言，保罗·艾伦也一直为"阿尔塔"编写新的语言，并出售这些软件直到 1975 年。

毫无疑问，PC 软件业新的道路被艾伦和盖茨开辟了出来，软件标准化生产有了起点。如果说为 8008 编写程序只是事情的开端，那么

1974 年发生的事情将使整个故事接近高潮。那一天，艾伦偶然读到一篇文章，正是这篇文章改变了他的命运，促使他凭借着数学能力和计算机专业知识研究出自己的生财工具。

1975 年，保罗·艾伦和比尔·盖茨秉承为微型软件而工作的理想，凭借着手中的编程语言，成立了微软。1975 年 7 月下旬，两人与罗伯茨签了合同，允许 MITS 在全世界范围内使用和转让 BASIC 及源代码，包括第三方，合同有效期为 10 年。根据合同，艾伦和盖茨获得的最高利润为 18 万美元。

之后，保罗与盖茨注意到 PC 机操作系统的重要性，他们又凭借自己的计算机技术成功地编写出了 SCP - DOS，并从西雅图计算机公司获得了 SCP - DOS 的使用权，使 IBM 确认了微软这家不起眼的小公司的实力，从而得以与 IBM 合作，并为以后获得 SCP - DOS 的所有权奠定了基础。可以说，还是保罗使微软迈出了成功的第一步。

在两人的努力下，微软逐渐强大起来。DOS 也成为 PC 机的首选操作系统。数学天赋让保罗·艾伦拥有了很强的能力和技术，由此登上了财富巅峰。

数学逻辑， 带来商机

数学好的人逻辑性很强，做事情有条理，能把相关的事情有序地排列好好。而这种能力，在做生意时能起到大作用。因为他们会先发现哪些事情能紧密连接，哪些环节可以简化，这就会让事情更简单，或者成本更低。数学逻辑能为他们带来商机，迈克尔·戴尔和保罗·艾伦都是这样的人。

数学少年很早就会做生意

被人们称为直销之王的 Dell 公司总裁迈克尔·戴尔是全世界公认的年轻富豪之一。戴尔被人们公认为具有惊人的逻辑能力。少年得志却不轻狂的戴尔靠数学带给他的逻辑性准确地打开了财富之门。

1965 年，迈克尔·戴尔出生在美国—休斯敦市的一个比较富裕的家庭。他的父亲是一名医生，母亲是一位股票经纪人。因为遗传，戴尔从小就表现出了非凡的数学天赋。初中时，戴尔因为数学成绩突出被选拔进入数学实验班。在竞争激烈的数学班里，戴尔总可以凭借着优异的成绩，成为班中的佼佼者，并经常参加数学竞赛。数学成绩优异的戴尔具有超强的逻辑思维能力，也正因为这种逻辑性，他能做出很好的商业计划。

迈克尔·戴尔 11 岁的时候就学会了将兴趣变为商机。那个时候，他在休斯敦有一个好朋友，受这个好朋友的父亲的影响，戴尔和朋友两人痴迷上了集邮。刚开始集邮需要钱，为了储备集邮的资金，戴尔去离家两条街远的中国餐厅洗碗。受做股票经纪人的妈妈的影响，戴尔将兴趣转化成了妈妈常提的"商机"上。

在戴尔集邮的第二年，休斯敦的经济大幅度增长，收藏品市场火热，邮票价值也在不断攀升。迈克尔·戴尔知道这类的消息后，眼中闪出光芒。他想，从集邮散户手中收购邮票集中去卖，可以大赚一笔。

令戴尔沮丧的是，这时集邮的人都看到了邮票上涨的趋势，不愿意把邮票轻易转让给他。情急之下，他直接从拍卖会高价买了一些邮票。几次交易后，戴尔算出拍卖人一定会从中赚到不少。他脑中闪出一个念头：与其花钱去收购邮票，还不和自己弄个拍卖会，这样不但可以知道更多关于邮票的信息，还可以在拍卖会中赚到佣金。

迈克尔·戴尔开始了人生中的第一次生意冒险，着手准备拍卖会。为了省钱，他说服邻居把邮票委托给他，之后，戴尔模仿拍卖公司将手中的邮票制成 12 页的图册，将其寄给邮票专业刊物——《林氏邮票杂志》，他拿出自己所有的零用钱在那个刊物上登广告。

所有的工作做完后，迈克尔·戴尔开始忐忑地等待，他不知道自己的努力会有什么结果。结果拍卖会举行的很成功，他当时赚到了 2000 美元。

如果说迈克尔·戴尔 11 岁时就已感受到了赚钱的乐趣的话，他后来感受到的则是经商的快乐。几年后，迈克尔·戴尔再次发现了商机。

16 岁那年的夏天，迈克尔·戴尔找到了一份工作，负责争取《休斯敦邮报》的订户。报社交给业务人员一份由电话公司提供的用户名单，让他们打电话向顾客推销报纸。

逻辑性在这个时候帮助了他顺利地拉到了客户。迈克尔·戴尔在找顾客时注意到，订阅邮报的主要手中是两种人：一种是刚刚结过婚的人，另一种则是刚搬进新房子的人。他从受众的角度出发，思索如何才能找到那些刚办好房屋贷款或刚结婚的人。

经过明察暗访，迈克尔·戴尔得知，结婚的情侣们，一定得到地方法院申请结婚证书，还必须得提供地址，法院会把结婚证寄到他们手里。当时，这种资料不是保密的，他找了几个高中的同学，前去休斯敦地区 16 个县市的地方法院大举寻找，搜集新婚或即将结婚的人的姓名和地址。

后来，迈克尔·戴尔又发现，有些房地产公司会整理出贷款申请者的名单，而名单是按照贷款额度排列顺序的。因此要找到那些贷款额度较高的人是非常容易的，这些人被迈克尔·戴尔定位为高潜力顾客群。迈克尔·戴尔决定把握住这些人，给他们每个人写了一封信，信上提供的是需要订阅报纸的资料。

暑假结束，迈克尔·戴尔返校上课的时候到了。尽管他已经掌握了这个挣钱的办法，能有稳定收入，但是了他感觉这已严重影响了他的学业，因此就停止了这项工作。

这里面还有一段小插曲。有一天，教他历史和经济学的老师布置了一份作业，要求他们整理自己的报税资料。迈克尔·戴尔在那一年的销售报纸的收入是 18000 美元。老师以为是他弄错了小数点的位置，并且为迈克尔·戴尔纠正了错误。后来，这位老师确认了迈克尔·戴尔写的是正确数字，不觉一阵沮丧，因为迈克尔·戴尔赚的钱比她的年收入还高。

卖报纸使迈克尔·戴尔获得了一笔很可观的收益，而这种收益给他带来的直接的好处就是，让他购买了苹果电脑及其零部件。随着与电脑的接触，逻辑思维极强的迈克尔·戴尔迅速将兴趣转移到电脑上，从此与电脑结下了不解之缘。

1981 年，IBM 推出了全新的个人电脑（PC）。商业经验并不十分丰富的迈克尔·戴尔敏锐地意识到，个人电脑将会是未来商业市场上的最佳选择。其实，真正让迈克尔·戴尔发现商机马上到来的却是一场展销会。

1982 年 6 月，休斯敦的阿斯特丹馆举行全美电脑大型展览。对于一心迷恋电脑的迈克尔·戴尔来说，这是一个决不能放弃的大好机会。那一星期，他瞒着父母没去上课，去参观了电脑展。这次大展让迈克尔·戴尔大开眼界。在电脑展中，迈克尔·戴尔看到了行业最新的电脑和即将上市的最新科技产品。

迈克尔·戴尔还在展场上惊奇地看到了第一个 5MB 的硬盘。迈克尔·戴尔清楚地记得，他走到一家叫 Seagate 的公司摊位前，询问一个硬盘要多少钱时的情景。也是在这次展销会上，戴尔听到 OEM 这个词，就是这个词，令迈克尔·戴尔深受启发，发现了真正的商机——组装、升级电脑。

当时， 个人电脑在美国有些风行起来。 经营电脑店的人可以说对个人电脑没什么概念， 大部分的店主以前是卖音响或汽车的， 觉得电脑会成为以后赚钱的风尚， 就开始卖电脑。 休斯敦一时间冒出了上百家电脑销售商店。 一部 IBM 个人电脑卖给经销商是 2000 美元， 经销商再以 3000 美元的价格卖出去， 这样中间的利润就有 1000 美元。 他们只给顾客提供很少的售后服务， 有些甚至没有售后服务。 迈克尔·戴尔发现， 因为售后服务的局限， 电脑升级配置就成了盲区， 组装、 升级电脑中蕴含着巨大商机。

迈克尔·戴尔立刻收集有关个人电脑的知识， 着手做改装个人电脑的事情。 其实他的工作现在看起来很简单， 就是为客户个人电脑增加配备功能， 例如更大的显示屏、 更快的数据机、 更多的记忆体、 磁碟机等， 但做这些在当时还是有一定难度的。

戴尔首先在分类广告上刊登电脑升级的广告， 之后跑各种元件专卖店， 和店主讨价还价， 以较低的价格购买配件。 当客户来了以后， 他就将自己亲自购买来的许许多多的配件装在客人的电脑上。 这样， 电脑的诸多媒体与功能得到了改善， 这个过程就像有些人改装车子以加强马力一样。

人们把电脑拿到戴尔那里， 戴尔给他们安内存条， 加硬盘， 然后收取费用。 另外总去戴尔那里的人就是 UPS 快递的人， 他总是从一楼把货搬到二十七层， 所以累得气喘吁吁。 戴尔的生意当初就是这样做的。

后来他觉得仅仅靠上门要求服务的顾客来升级是不够的， 于是有了一个更大胆的想法， 买进市面上的一些机器， 给这些电脑进行进一步的升级， 之后卖给认识的人。 那一天， 迈克尔·戴尔正在市场上闲逛， 突然得知当地有一家电脑零售商手里有积压的电脑。 他欣喜异常地驱车找到了那家店， 以低价买来了一些积压过时的 IBM 的 PC 机。

戴尔买了一些元件，把那些 IBM 电脑改装升级，瞬间化腐朽为神奇。升级改装后的电脑和市面上的热销电脑有同样的功能，戴尔以低于市场价格 15% 的价格出售，很快就卖光了。

迈克尔·戴尔信心倍增，还拥有了一笔数目可观的积蓄，为后来事业的开展准备了活动资金。

正当迈克尔·戴尔屡屡把握住商机，准备大干一场的时候，迈克尔·戴尔的父母突然出现，企图阻止戴尔的行动。

戴尔的父母给他做的是关于医生的人生规划，并为他选择了德克萨斯大学，让他做一名医学预科生，希望他以后能成为一位受人尊重的医生。戴尔最初反对这个决定，但为了不辜负父母对他的期望，选了一个折中的路——学习生物学。

显然，戴尔在医学院不是一个听话的学生，他的很多精力都用在了研究计算机和赚钱上面。于是上大学没有多久，迈克尔·戴尔的父母听说他缺了很多课程，成绩下滑，十分着急。他们决定制止迈克尔·戴尔做生意，希望他能够成为一名优秀的学生。

为了真正了解戴尔每天都在做什么，他的父母没有提前告诉他，直接乘飞机来奥斯汀看他。迈克尔·戴尔得知父母来了的消息，大吃一惊，急急忙忙地收拾起那些电脑配件，把他们藏到了室友的浴帘后面。这次没有让父母抓到"现行"，但迈克尔·戴尔的父母从他的宿舍里看不出一点念书的迹象，对此很不满。父亲对他进行了一番说教，希望他能够好好专心完成他的学业。

迈克尔·戴尔认为，计算机行业绝对是蕴含巨大商机的行业，他不想停下来。从小就很有说服力的戴尔，最终说服了父母。他和父母约定如果那个夏天的产品卖得不好，他就放弃经商的想法，继续回到教室里安心地读他的医学。

当时他在父母眼中，只是个 18 岁的孩子，根本就不懂得什么是经商。事实上，戴尔很有头脑，他已经在经商方面表现出了很强的能力。第一个月，业务进展顺利，改装 PC 机卖了 18 万美元。此后父母真正同意他经商了。

1984 年，戴尔刚刚 19 岁，因为太喜欢计算机了，他退了学，成立了 Dell 电脑公司。起初，业务和刚创业时一样，主要是改装 PC 机。他们购买机器，进行改装，把小硬盘换成大硬盘，把小内存换成大内存，再以低于市场的价格出售。虽然这个模式很简单，却给戴尔带来了巨大的收获。第一年，Dell 电脑公司的销售额为 620 万美元，也因此 Dell 成了电脑行业举世瞩目的新品牌。

图书管理员儿子成计算机大鳄

微软公司的联合创始人保罗·艾伦也是一个数学大才。

1983 年，保罗·艾伦被检查出患有癌症，离开了微软公司。尽管如此，保罗·艾伦一样受人关注。因为他独具慧眼，屡屡出手投资，被媒体称为高科技领域最活跃的投资者之一。离开微软后，他每年都有 30 笔以上的投资，平均每笔在 500 万美元左右。

保罗·艾伦于 1953 年出生在美国西雅图，他也有着良好的家庭教育，他的父亲当过 20 多年图书管理员。受父亲的影响，保罗·艾伦从小博览群书，包括科幻和计算机知识。中学时，擅长数学的保罗·艾伦迷上了计算机，从此开始不断和朋友研究、讨论，甚至搞编程比赛。后来他去华盛顿州立大学学习计算机。

保罗·艾伦也是逻辑很性强，并因此发现商机的人。一次，艾伦在他的瓦尔肯公司（Vulcan Inc.）西雅图实验室里偶然发现了一个小的奇特的显示屏。他眼前立即浮现出世界上最小且功能完备的个人电脑的图景，并认为这款微型个人电脑必然会受到未来用户的追捧，所以把它当成了难得的商机。保罗·艾伦让工程师们停下手中的一切工作，全力投入研发超小型电脑。经过不懈的努力，瓦尔肯公司向世人展示了他们的成果——Mini-PC，然后授权一家电脑制造商进行生产，最终获得了成功。

保罗·艾伦文理兼通，思维平衡，所以管理规则和成功标准也和别人不一样。他喜欢音乐，热爱技术，但不管怎样，他都做着自己喜欢的事。他不是很计较结果，而更注重做事的过程。

保罗·艾伦是个内敛的人，他不善于与人交往，但他有思想、有远见。他是随性的亿万富豪，不吝惜把大把的钱投入自己热爱的事业，他对失败也能很快释然。对投资，他能独树一帜；对成功，他的标准也与众不同。

逻辑性超强让保罗·艾伦捕捉到了商机，他看似随机的投资却各自拥有其利基，他在逐渐实现自己的梦想，他正在逐渐建立成为在线世界每一样商业活动都有巨额投资的帝国。艾伦的影响力巨大，甚至有一种"艾伦效应"，一旦艾伦投资某个领域，这个领域就会身价倍增，大家都愿意往里面投资，原因就是艾伦投资了。

数学带来的逻辑性能让人制订周密的商业计划并准确分析出商业机会，这种能力最终帮助他们找到了自己耕耘的"商业"领地，推动了自身事业的发展。

思维缜密，经营能力过人

数学好的人思维缜密，关注细节，这是由计算的逻辑决定的，差之毫厘就会谬以千里。这种思维也让人和成功更近，谢尔盖·布林、拉里·佩奇、迈克尔·戴尔都是这样的人。

发现被忽略的细节，不打折扣

众所周知，搜索公司一般靠广告来赚钱。Google 创立之前，其他搜索引擎尽可能多地植入广告，展示它们所能填入的大量闪烁、活动和扎眼的功能，甚至到现在很多专业网站仍在使用这种技术。

但是细心的布林和佩奇发现，这种套路对于网站来说并不是最好的。上网的人追求的是"速度"，广告太多了会使网站载入缓慢。用户很可能一并关闭多媒体广告或图像的播放功能，而不打开去看。此外，他们和网民一样讨厌一搜索就出来变脸的广告，还有自动弹出的广告和一些乱七八糟的网站。

Google 诞生后，提出了与传统营利方式不同的观点，即限制广告数量。布林和佩奇坚持 Google 网站上只出现有限数量的广告，而且每条广告都必须限制在几行字之内，不做过多的媒体渲染。这种做法维护的是用户的利益，同时也保持了网站的简约风格，让用户专注于寻找合适的搜索结果。

表面上看，Google 公司为了加强对客户的关注，牺牲了广告收入。布林和佩奇却果敢地认为，这种严格限制广告数量的做法，在维护一般用户的基础上，也维护了广告商的利益。限制广告数量，使网站搜索的速度尽量保持最快，满足了用户对搜索速度和结果的双向要求。此外，广告数量少，促使每条广告的设计独特，更加突出，吸引了用户眼球，还能刺激用户频繁地去点击查看。这样，不仅抬升了广告位的竞价，更为 Google 公司提供了一个意料之外的收入来源。

这一经营哲学使 Google 拥有了极为特殊的吸引力，为其带来了越来越多的使用者。一位 Google 的忠实粉丝说："关注客户，这绝对是一种成功。搜索引擎关乎速度，它是一个实用程序，是一项服务，它可以简便、可用、极快，这些 Google 都做到了。它们丝毫没有打折扣。"

心思缜密，从细微处入手，能够发现被别人忽略的细节，而正是这种微不足道的细节，就可能蕴含着巨大的机会。戴尔公司的迈克尔·戴尔也从细节入手，使许多竞争对手纷纷败退。

当整个电脑行业都在角逐利润的时候，大家不断靠消减成本来进行竞争。但迈克尔·戴尔却发现，关注客户的需求比利润更加重要，因为只有不断迎合客户，企业才能有长足的发展。为了满足客户的需要，迈克尔·戴尔违背常规做法，提高了生产成本。他说："首先要满足客户的需要，其次才是营利。假如我们不能很好地做到第一点，那么我们也不可能做到第二点。"

戴尔鼓励公司的销售人员，上门拜访客户时，尽量了解清楚情况，诸如客户想让电脑具备什么样的性能、想要什么样的硬件、想要什么样的软件，以及想要什么时间交货等。了解之后，销售人员回到公司，把详细的单子交给生产部门，之后根据客户的需要制作出相应的产品。戴尔公司的员工自豪地说："我们就像裁缝，先到客人的家里，量客人的尺寸，再到生产车间去，把最适合客户的产品生产出来。"

戴尔十分关注客户需求。不管客户是政府机构，还是大企业，也不管是普通个人消费者，还是小企业，他们的需求都会得到关注。正是这种对细小需要的关注，促使戴尔公司以更快的速度把最新的技术提供给客户，不断提供更高水准的服务，并最终获得更高水平的回报。

戴尔提倡判断员工价值的关键之处在于：看他们对客户有多友好，能为客户带来哪些机会，对其关注的客户有什么作为。同时公司应该建立一些良好的沟通机制和奖励机制。

关注客户的每一个细小变化是戴尔公司的信条，这为戴尔创立了与客户之间最紧密也是最令人羡慕的关系。单从这一点上来说，戴尔就赢了对手。

戴尔公司还有一个小故事。当时，迈克尔·戴尔大胆地把为客户着想发展成戴尔公司的企业文化。员工也在这种文化的熏陶下，接受了这一理念。于是，戴尔公司的墙壁上挂着一张戴尔的照片，提醒大家对公司的忠诚。

突然有一天，员工们上班的时候，发现这张照片有了变化。戴尔的头上被画上了一顶帽子，照片下方潦草地写着一行字："迈克尔·戴尔要你去赢得客户。"

正当工作人员准备清理干净时，戴尔无意间走过，看到了这张照片。工作人员以为戴尔会生气，结果，戴尔不但没有生气，反而奖励了那个搞恶作剧的人。因为戴尔认为这个人有创意，不拘一格，也在不断深化公司以客户至上的理念。可见，在戴尔的带领下，关注用户需求已经深深植根到每一个员工心中。

戴尔的思维缜密在业界出了名，以至于微软公司的总裁比尔·盖茨专程飞往奥斯汀去拜访戴尔。并为他敏锐的感觉、超凡的胆识所折服，认为他是电脑业的经营奇才。

难怪有人说，迈克尔·戴尔能够成功，与那些很牛的芯片和软件并无太大关系，而在于其心思缜密，善于把握经营中的细节，从小处做起。

把不信任变成"取暖的围巾"

数学天才迈克尔·戴尔独创了直销模式，使他的戴尔公司驰名遐迩，公司也因此在短短的 20 几年里，火箭般地冲入了世界 500 强企业之列。

但这并不意味着企业的发展就是一帆风顺的。在公司发展的很短的时间里，戴尔公司，遭遇了一次员工的信任危机。也就是说，公司的员工对戴尔和总裁罗林斯有了怨言，产生了不信任感。但是，关注细节的戴尔果断地将这次危机化解为企业"取暖的围巾"。

2001 年秋高气爽的一天，戴尔计算机公司首席执行官迈克尔·戴尔和公司总裁凯文·罗林斯举行了一个私人会晤。两位重量级的人物在独家花园里面一边喝着咖啡，一边看天上云卷云舒，十分惬意。因为他们都相信公司已经从全球计算机销量下滑的逆境中苏醒过来。但戴尔没有想到一场危机正悄然向他靠近。

就在公司形势一片大好的时候，公司员工对这两位直接领导提出了质疑。他们普遍认为，当时 38 岁的戴尔待人接物过于冷淡，在感情上太过疏远；50 岁的罗林斯则很专制，习惯于和别人对着干。公司里的人觉得没法再信任他们了，而且都在传播着不满情绪。紧接着公司进行了大规模裁员，公司做了一个调研，发现 50% 以上的人决定换工作，其他的人也在考虑换工作。

戴尔皱着眉头将调查报告看完，他感到巨大的危机已经来了，他要极力阻止人才的流失。

果敢大胆的戴尔决定亲自出手化解危机。戴尔与公司的 20 位高层管理人员坐在一起，坦率地承认了自己的缺点，说自己过于内敛、腼腆，给人留下不热情、不好相处的印象。戴尔认真地表示，自己会改变性格，和团队有更好的互动，把和员工的关系调整成融洽的关系。这一行为让员工十分惊讶。因为他们已经习惯了戴尔的内向与严肃，他能作出这样的承诺给人太阳从西边出来了的感觉。但效果是惊人的，员工被其行感动，归属感逐渐好起来了。有人评价说："这一做法对戴尔不是一件容易的事。"

几天之后，戴尔开始向公司的所有管理人员约数千人播放他的讲话录像。随后，戴尔特意在办公桌上摆放了一个东西，以帮助自己改变一意孤行的作风，那是一个塑料推土机。戴尔让它时刻提醒自己，在做决定之前考虑一下其他人的想法。

戴尔公司的人才信任危机让戴尔及高层管理者意识到，当问题出现后，应该是直接面对问题，趁早加以解决。

戴尔创造了"双主管"制度，让负责人事、法律和财务的主要管理人员与负责区域线的管理者分担责任人。人们都认为"一山不容二虎"，但是这种制度却使戴尔公司的效率得到了大大的提高。主要是因为他们有明确的分工，他们一起监督员工，会一起被考核，不管技术上是谁的范畴。他让高管人员同时管理重要业务，人们把这称为"两人执政"。这种方法让两个管理者也互相监督，有失误的时候两个人都要承担责任，所以增强了彼此的信任。

戴尔公司的人习惯于挑自己的毛病，这成了一种文化。戴尔经常问自己有没有做错，并不断改善自己的做法，直到找到最科学的方法。他们的自我批评行为是自上而下推行的。公司招聘头脑灵活、思想开放的人员，花精力培养他们，准备未来让他们承担管理工作。公司里有人犯了错，会召集大家一起讨论，进行公开的纠正，鼓励能人提出好办法。

独特的管理模式，使戴尔公司在众多竞争对手中胜出并稳定地发展。戴尔公司以每年3%的幅度增长，公司员工平均每人创造了100万美元的营业额，这几乎是惠普的两倍，是IBM的三倍。

数学能力强， 创造力无限

数学能力，是指数字、图形、符号的组合控制能力。具有这种能力的人有着很强的创造力，将这种创造力应用于商海之中可以产生独具特色的经营理念，这种经营理念又会在企业的发展过程中起到推波助澜的作用，最终使这些人与财富的距离越来越近。谢尔盖·布林和拉里·佩奇利用这种创造力网罗优秀人才，形成了谷歌独特的人才理念；迈克尔·戴尔利用这种能力，独具匠心地提出了自己的经营策略。

Google 打造人才天堂

Google 的创始人之一谢尔盖·布林和拉里·佩奇成长为美国新经济的领军人物，他们的头脑中充满着对数学和方程式的热爱，这种热爱激发了他们的创造力，因而有了独特的管理理念。

喜欢数学的谢尔盖·布林和拉里·佩奇创造出了"异想天开"的招聘方式。驾车行驶在美国 101 国道线路旁边，会看到一幅巨大的牌子赫然屹立在你面前。不要惊奇，它就是 Google 一块巨型招聘广告。上面的招聘信息让人久久难忘，因为招聘还没有开始，你就得完成一个小小的数学题目。只见招聘广告上写着："想加入 Google 吗？请访问 www.【最小的 10 位数质数】. com。"

想在 Google 求职，首先要答对这个小小的数学题目，不要认为你登上网站以后就会远离数学了。而且登上那个网站后，还会有 5 道数学题等待着你，把它们全部答对，你才能得到面试的机会。

每天都有上千人去 Google 应聘，但只有天赋极佳，又能融入公司文化的人才会被非常谨慎地招进来。公司四分之一的员工拥有计算机博士学位，谢尔盖·布林和拉里·佩奇为他们拥有如此众多的天才员工而自豪。

谢尔盖·布林和拉里·佩奇的大胆之处还在于，Google 聘用的人员中大部分直接来自于大学或者研究生院，通过雇佣年轻有为的毕业生，Google 公司获得了一个强大的智力基础。

谢尔盖·布林和拉里·佩奇创业之初也没有经验，所以他们对以前一切的工作经验价值都打了折扣，引入没有经验的人来适应他们独特的管理模式。同时谢尔盖·布林和拉里·佩奇还鼓励雇员大胆创新，为

Google 的员工制定了一条不成文的规定：工程师必须用 25% 的时间来想很牛的创意和点子，即使这些想法可能会给公司财务带来压力。为了鼓励创新，谢尔盖·布林和拉里·佩奇允许员工有 4% 的时间做自己想做的任何工作，不过研究成果一定要卖给公司。Google 每年举办一次员工创新能力技术大赛，获奖者可得奖金 1 万美元。

谢尔盖·布林和拉里·佩奇在整个 Google 中传播着一种"通病"——做不可思议的事情，许多计算机科学家和工程师被他们的这种通病所感染，纷纷加入 Google。对此，谢尔盖·布林颇为得意地说："你要确保所有雇佣的员工喜欢在此工作，他们喜欢创造，他们来这里的初衷并非只是为了钱，他们如果真的创造了一些有价值的东西，你要给予奖励。但是这些东西必须确实能够带来效果。"而员工觉得，得到承认比给予高额奖金和上市后得到财富更有吸引力，因为他们可以证明自己的价值，而且扬名后有利于未来的发展。

虽然西方有一句谚语"世上没有免费的午餐"，但在 Google 公司，善于大胆创新的谢尔盖·布林和拉里·佩奇把"免费"作为公司文化的一部分。他们有自己独特的方式，将"免费午餐"进行到底，为天才们创造一个更好的工作环境。

Google 总部员工的舒服和自由常令外人惊讶。Google 员工在十分优雅的办公环境中工作，公司门外有一大块草坪，路边有水有雾，环境优美，犹如仙境。

公司对雇员的关怀，甚至到了细致入微的地步。公司内部，餐厅、咖啡厅、游戏机房、钢琴等娱乐休闲场所和设备应有尽有，连马桶都带着遥控器。在 Google，员工吃饭、健身、按摩、洗衣、洗澡、看病都完全免费。员工用的最差的电脑显示器也是 17 英寸的液晶显示器。办公楼每层都有一个咖啡厅，可以随时吃点心、冲咖啡；员工可以随意喝大冰箱里的各种饮料。办公楼一楼大厅中心有一个很大的礼品箱，平常是锁着的，会不定时地打开。礼物箱里有各种礼物，如 T 恤、背包之类的，箱子开了，员工可以随意去拿东西，东西不是很多，人们为了玩和得到东西，一般都会抢。这些会被头顶上的摄录机拍下，实时播放，让大家没事时看看，找点乐趣。

在 Google，员工个性不会被扼杀，而是会得到保护。Google 公司的开放程度，在美国很多公司看来已经到了不可思议的程度。带着孩子和狗上班是 Google 员工的权利，如果你想照顾孩子和宠物，一周可以放假一天。多参与娱乐活动是公司鼓励的，员工可以把五分之一的时间放在自己喜欢做的事上。那些有自己办公室的员工，可以根据自己的品味装修办公室，所以在 Google，你可以看到有人把柱体墙做成了白板，上面写满了数学方程式。布林和佩奇这两位老板的办公室也没有比员工豪华、气派很多，只是选了稍好的位置而已。

有人批评 Google 的工作状态不好，说他们过于散漫，在这方面他们在世界 500 强企业中被评为最差企业。而它的散漫却引来了无数精英，并使他们的才华得到最大程度的施展，从而为公司创造了无数价值。

戴尔独创的高效低本策略

对于创业和经营，有时创新就意味着成功了一半。戴尔公司总裁迈克尔·戴尔果敢大胆，独具匠心地提出了"高效率、低成本"的经营理念，帮助戴尔公司打开了一条道路。

"高效率、低成本"的经营理念可谓是迈克尔·戴尔经营策略的精髓。从刚刚创业开始，迈克尔·戴尔就深深领会到了其中的奥妙。他说过，从消费者那里得到信息，按照他们的需求做产品，并且不通过经销商，直接卖给消费者，这就能为客户提供更好的技术和价值，这是他们的业务优势。

迈克尔·戴尔要求员工做到一分钟之内完成信息传递。也就是说客户订货后，员工要通过网络或者电话发出信息，让信息在一分钟之内传递到公司的控制中心，控制中心再以最快的速度传递给供应商。不仅供货，还要把客户要求的配置信息输入装配程序，如配件的运输、需求的数量、规格、型号和装配。就这样每个程序都按照系统的安排进行，客户就能最快拿到信息最准确、质量最高的产品。

在戴尔公司的德克萨斯州的制造中心，有条每小时可以生产出 700 台电脑的装配线，这些电脑是根据用户要求配置的不同电脑。戴尔公司员工的速度是惊人的，每台电脑从零部件进厂、装配检验完毕到装车出厂，整个过程只需要 5 个小时。大概每两个小时公司会接到一批零部件，而每 4 个小时就发出一批装好的电脑。所以，公司里没有成品的库存，也没有零部件的库存。有人说戴尔公司就像是个电脑超市，然而与超市不一样的是，它根本没有仓库，它就是一个加工的流水线。

戴尔对员工工作效率的要求很高。当其亚洲第一家工厂在马来西亚成立后，工厂的负责人收到了迈克尔·戴尔寄的礼物——戴尔的一只旧跑鞋，意思是，这位负责人要开始马拉松长跑了。

凭借"高效率、低成本"的经营理念，戴尔公司在业内遥遥领先，这使员工也有信心保持这种高效率。而这一理念，也是戴尔公司业绩居于全球前五名的原因。

曾有不少公司效仿过戴尔公司的模式，然而个个都没能维持下去，说要超过戴尔公司更是天方夜谭，究其原因，就是戴尔的精神很难复制。

紧迫感和坚定的态度是戴尔始终坚持的风格。几十年如一日，他不懈怠，不放松，惜时如金。他经常研究 IBM 这样的大公司在个人电脑经营上的特点。他认为，首先，IBM 个人电脑的成本结构不合理，渠道也不够好。戴尔不断改善公司的经营策略，所以从 2000 年开始个人电脑销量飙升，是 IBM 的两倍多，改善了 2000 年前和 IBM 销量持平的局面。戴尔公司在个人电脑方面赢利了至少 20 亿美元，而 IBM 则亏损了 10 亿美元。

因为从小喜欢数学，在数学探索的过程中追求实际、讲究看事实，这使迈克尔·戴尔形成了不同于别人的工作风格和理念，而他的理念和作风影响到了公司的每一件事情，这成为公司发展的一种动力。

迈克尔·戴尔的管理方式，让戴尔公司业绩遥遥领先，在业内持续保持着增长态势，让很多竞争对手望尘莫及。

凭借核算能力，改变游戏规则

数学是一系列数字按照规律组合和排列的运算，要想求解到正确的结果，核算能力是必不可少的一个要素。这种能力表现在商业竞争中，就使得一些商人能够利用最小的投入换取最大的产出，实现自身利益最大化，从而保障自己在激烈的竞争中有最佳的表现。

"直销"是计算出来的

时间如同一个巨大的齿轮，飞转起来力量无穷，可以改变一切。起初，没有人把戴尔和他的公司放在眼里，经过时间的磨砺，当时年轻气盛、善于用数学思维思考的戴尔，通过充分发挥他超人的核算能力，发现了经营最省钱、获利最多的办法。正是因为这种核算能力，使他在不经意间改变了游戏规则，在电脑销售行业中推出了直销模式。

直销模式是迈克尔·戴尔的首创。戴尔公司刚刚成立时，对数字敏感的戴尔在交易的过程中马上注意到，电脑产销存在一个怪圈，这个怪圈致使市场严重供需失调。

在戴尔发明直销之前，电脑的销售一直是制造商生产，制造商把电脑卖给经销商和零售商，通过他们再卖给消费者的过程。起初，IBM 和苹果电脑都是按照这样的过程运营的。

为什么要有这样的中间环节呢？那是因为最初电脑制造商需要以这

种中间环节的方式来完成全国性的销售。IBM 刚运作 PC 时，他们的销售组织是全球最完整的，但他们还是和中间商合作来销售产品。戴尔认为，这样的做法始于定势思维，没有中间商才能为电脑制造商实现利益最大化，而且一样可以把产品卖好。他认为中间商不但分去了很多利润，以后还会成为电脑制造公司的竞争对手。

迈克尔·戴尔亲身经历过这个"中间环节"，并在这个环节中受利。聪明的他怎么会再犯这样的错误，让和自己类似的人钻空子呢？

这个"中间环节"造成过"IBM 的灰市"，戴尔就是利用这个机会起家的。什么是"IBM 的灰市"呢？例如，经销商订购了 90 台电脑，他收到的可能只有 9 台。这样，经销商为了得到他需要的数量，下次订货时可能会订 900 台，结果他收到的可能是 590 台。因为实际上他们需要的货量也就是 90 台，多出来那些反而叫他们发愁，因为他们要占用仓库来存储，给自己带来了很多麻烦。这样，他们会大打折扣，把这些电脑卖出去。时间长了，大家都知道这点了，就称之为"IBM 的灰市"。而这给戴尔提供了机会，他会立即去买这些打折的电脑，将其进行改装，装上磁碟机、记忆体之类，再抬高价格卖出去，利润就进入了他的口袋。

聪明的戴尔发现，间接的销售路径是建立在毫不知情的买方和不具备相关知识的零售商这两者结合的基础之上。他很清楚，这样的结合不可能持久，顾客会越来越需要具备电脑知识，而且还会有更高的要求。如此一来，就会有更多人的发现"中间环节"的价格空间。

善于举一反三的戴尔认为，甩开这个"中间环节"，最好的办法是组装出一台质量非常好的电脑，在市场上占有绝对优势。他的这个思路源于一本杂志的启发。

有一天，戴尔偶然翻看一本电子杂志，其中一篇是介绍关于电脑晶片组的文章。文中提出，把用英特尔 286 微处理器的个人电脑所需的 200 个晶片组合成只有五六个应用特定整合电路（ASIC）的晶片，个人电脑的设计就可以简化。

戴尔看后，认为自己制造电脑的时机到来了。戴尔和发表此文章的坎贝尔联系上，而且拿到了三四个晶片组。随后，他又和当地英特尔的业务人员取得了联系，他知道了六七个懂电脑制造的工程师的名字，还有几个工作小组后，立即联系他们并开始行动。几个晶片组和几名精通晶片的工程师成了戴尔开始制造自己电脑的元素。

基于制造电脑的基础，为了甩开"中间环节"的制约，戴尔又开始考虑，为什么不对电脑进行大规模的组装呢？这样做，一来可以批发零配件，二来还能跟电脑生产商合作，保证价格相对低廉。不过，虽然组装是为了使个人电脑比电脑生产商批量生产的电脑有更好的升级，价格更低廉，但要想获取更大的利润，除了以组装的方式来降低价格外，销售方式也尤为关键。

凭借着丰富的销售经验，以及与顾客间有效的互动，戴尔看到，以更有效率的方式，即以"直接接触"为更多用户提供电脑是一个绝好机会。这后来成为戴尔公司的核心理念，成了他们的服务原则，并一直坚持了下去。

迈克尔·戴尔开展事业，仅仅是通过对一个简单问题的思考与解答——怎样才能改进购买电脑的过程？把电脑直接卖给顾客，不用给零售商付钱了，省下来的钱可以给消费者带来更多优惠。

就是这样，戴尔凭借着举一反三的数学逻辑，不经意间打破了零售领域的一贯做法，创立了直销模式，通过顾客的电脑预订来进行生产，从而改变了一个行业的模式，甚至还可以说，他们打造了一个新的商业链条。

迈克尔·戴尔从来都认为，利润是商业的目标，是能直接看出盈亏的，运算是最好的保障。对待财富不能有任何虚伪的掩饰，而他提倡的这种直销模式就是对这一理念的一个最健康的姿态。多年以后的事实证明，给戴尔公司带来丰厚利润的也正是这种以核算为主要手段的"直销"的生意模式。

戴尔公司和做技术的专家以及生产厂商都紧密联系，这给顾客带来的好处不言而喻，订购让戴尔公司的效率迅速提高，好的配置，超强的性能，让顾客觉得特别值。所以，戴尔的这种模式使其产品质量在行内排在前列，让新技术早早和顾客见面，又能让产品价格低于其他产品，这样的公司怎么会不形成自己的核心竞争力呢？

因为戴尔公司有着行内企业都羡慕的优势，很多企业纷纷效仿戴尔的做法。戴尔却丝毫没有恐惧，他说过，那些公司不容易解决他们面临的问题，他们要转成戴尔的模式，需要很长时间，因为让他们原来的渠道转型是很困难的。他还说，戴尔已经有很长时间的直销的经验，订购这一点不是谁都能学来的，他们的技术和销售手段都在不断改善，都在原来的基础上进步了一大截，这些是竞争对手追不上的。而且，他们还在网上销售电脑，大大降低了成本，而这些竞争对手都来不及追赶。

所以，正是直销让戴尔和戴尔公司立于不败之地。

让复杂的网络搜索变得简约化

同样是数学天才的谢尔盖·布林和拉里·佩奇与迈克尔·戴尔一样，也创造性地改变了游戏规则，让复杂的网络搜索过程变得简约化。

打开 Google 的网页，你会发现它们的主页很简单，能看到的只有一个搜索框和几个词。与其他充斥着大量广告、图片和视频的网站，以及令人眼花缭乱、无从下手的文本相比，Google 的网页设计是如此清新、一目了然。这种简约就是布林和佩奇改变的游戏规则。

在谢尔盖·布林和拉里·佩奇建立 Google 之前，大家普遍认为，搜索引擎的缺陷在于它只是将用户送离自己的站点，以及引导访问者去点击广告。而且，搜索公司为了让访问者在门户网站上多停留一会儿，然后再链接其他网站，他们往往会在门户网站上设置尽可能多的内容，以满足搜索者的多种需要。这一理念开创了"门户网站"时代，就连当时较大的美国在线和雅虎网站也无形中受到该搜索理念的影响，一度加以采用。

但是，深受数学思维影响，考虑事情有独特视角的谢尔盖·布林和拉里·佩奇却认为这种想法是错误的，众多网站采用复杂门户网站的最终后果就是丧失了建立一个更好的搜索引擎的动力，并在很大程度上放弃了改进搜索引擎技术的尝试。谢尔盖·布林和拉里·佩奇认为，通过搜索引擎找到正确的信息，远比让一个单一的门户网站努力制作满足用户需求的一切内容更重要。

谢尔盖·布林和拉里·佩奇明白，搜索网站要以追求搜索引擎的速率为理念。他们认为，当大多数人沉迷于扑朔迷离的技术中时，简约是最大的渴望。因此，Google 的团队坚持将简约进行到底，保持着网页的简单、干净，从而受到广大用户的支持和欢迎。一名用户曾经说："Google 是一个精彩的消费体验，它很干净、很迅速、很简单。"

其他搜索引擎从来没有打破常规，尝试简洁的网络访问设计，直到Google 做出了榜样。而善于发现和总结的谢尔盖·布林和拉里·佩奇一发现这种方法奏效，便把简约的网页应用到每个搜索结果页面上。这一简约的访问设计风格，令 Google 捕获了一大批用户的心，也使 Google 在搜索领域长袖善舞，越走越远……

总之，正是数学基因促使那些富豪们有逻辑性、有创造力、注重细节、有化解危机的能力，这无疑又使他们透过复杂的商业现象找到了商业竞争的杀手锏，最终水到渠成，实现了各自的财富之梦。

第7堂　抗压课：
正视失败，把它当做成功的营养

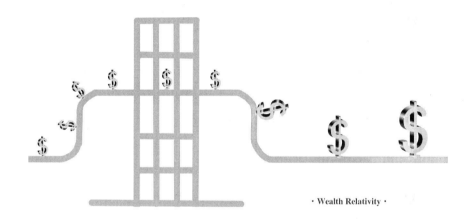

· Wealth Relativity ·

　　每个人都不能摆脱经历挫折的命运，亿万富豪也一样。富豪中的大多数人都是从失败中一步步走出来的，失败让他们越来越成熟。很多人回忆起早期的挫折时表示，早期的失败不是成功的充分条件，却是成功的必要条件。

研究表明，挫折对亿万富豪的帮助远超有利条件。失败在他们的头脑中留下了深刻印记，他们不愿重蹈覆辙，所以成功的欲望更加强烈；他们在失败中总结教训，把失败的每个细节当成前车之鉴；失败让他们更加成熟，因而心理素质更好，逐渐拥有了了处乱不惊、冷静客观的特点。他们越挫越勇，越挫越成功。我们每个人都应该学会把失败当做成功的营养。

没有压力，哪来得动力

对于那些渴望成功的人，失败不是阻止其前进的绊脚石，而是点燃胜利希望的火把，是助推其成功的动力。《福布斯》榜单上的多数富豪在创业前或者开始创业早期，都经历过挫折，然而那些挫折成了他们求胜的动力。

30 岁前的失败给了他更大勇气

2011 年，拉里·埃里森排名全世界富豪榜第五位。1977 年，拉里·埃里森入股创建 Oracle 公司（甲骨文股份有限公司）的前身——软件开发研究公司，他付出的是 1200 美元，占有 60% 的股份。这个企业现在已经是世界上最大的数据库软件公司和世界第二大软件公司，这些不能不说是作为总裁兼 CEO 的拉里·埃里森管理和经营的成果。

也许你没有想过，当你在 ATM 机上取钱时，打电话预定航班时，或者用电视看网络节目时，你就已经在使用 Oracle 公司的服务了。Oracle 公司服务的多为大型企业，这种服务成就了 Oracle 公司。

埃里森的童年并不轻松快乐，因为他没有在亲生父母的身边长大。刚出生的他就被父母遗弃，一个在芝加哥的善良的亲戚收养了他，给了他一个家。埃里森只见过一次母亲，他从未见过父亲，别人也不知道他父亲的身份。埃里森在童年时候就表现出了在数学方面的极高天赋，所以他成绩优异，他先后在芝加哥大学和伊利诺斯大学读书，后来又去了西北大学，但是在这所学校他中途退学了。

没有拿到大学毕业证的埃里森进入了计算机公司工作，公司所在的城市是加利福尼亚。这些工作埃里森得心应手，他的数学才能得到了充分的发挥，他的计算机技术令同事折服，他不仅技术工作完成的好，而且对技术发展的判断也十分准确。技术工作对于工作表现出色的埃里森来说已经没有挑战了，他其实有着更远大的目标，他感到做那种熟悉的工作实在浪费时间。在一次聚会上，他和朋友说，自己不想再做技术了，他要创建自己的公司，成为老板，那样才能拥有财富。

创业是需要准备的，埃里森深知这个道理，他决定去熟悉自己所要创建的公司的业务。所以他多次换工作，寻找对自己未来最有帮助的工作。但是在这个过程中，他的收入受到了影响，家里欠下了一大笔债，妻子已经不堪重负。1974 年，妻子提出与他离婚，他希望妻子能留下来，所以苦苦相劝，他说自己肯定会成为百万富翁，将来能给她她想要的东西。但妻子想到生活的种种艰难，还是没能建立起信心，所以伤心地离开了他。

实在没有资金，埃里森就抵押了房子，在 1977 年 6 月，他和两个同事成立了软件开发实验室股份有限公司（SDL），1982 年将公司改名为"Oracle"（甲骨文）。甲骨文即最古老的文字，这是埃里森喜欢的名字。甲骨文公司发展迅速，到 1989 年，已经成为全球第二大独立的软件公司。公司发展迅速的一个很大原因是，埃里森有着很好的市场判断力和推销能力，他的天分和能力在公司里都得到了充分的运用。2007年，拉里·埃里森以 1.93 亿美元的总薪酬居美国 500 强企业 CEO 薪酬榜榜首，成了硅谷的首富。

埃里森从不因出身贫苦，事业起步晚而低估自己的能力，创业之初他就将比尔·盖茨视为竞争对手。别人嘲笑他不自量力，而他不为所动，始终以超凡的自信和能力逐渐缩小与竞争对手的差距。埃里森很早就说过自己要当老板，正因为有这份雄心，他才在软件界建功立业，打造了一个伟大的软件帝国。他的成就让曾经低估他的人汗颜，他所创造的奇迹让很多起步并不高的人看到了希望，拥有了勇气。

尽管埃里森在 30 岁之前都没有什么成绩，而且从小就不幸被抛弃，准备创业的时候妻子又和他离婚，而且家境一直贫寒。但是这些困难都没有阻碍埃里森勇敢向前走，这些压力都变成了他的动力。在这个世界上要很好地生存并取得成就，就是要能扛住巨大的压力，遇到挫折的时候也要保持信心和勇气，埃里森教会了人们这些突出的品格。

少年不幸让他一生坚韧

被公认为华人首富的李嘉诚，也是从学徒一步步成为富豪的，他的成长历程也充满了磨难。

李嘉诚家境贫寒，父亲是一位老师，他小时候家里主要靠父亲微薄的工资维持生活。李嘉诚年纪虽小，却很懂事，放学了就到码头上去捡煤屑，以减轻家里的负担。日本侵华战争全面爆发后，李嘉诚全家先后到汕头、惠阳、广州等地流浪，经常露宿街头、车站。为了维持生计，李嘉诚的父母在街上卖一些香烟、糖果、针线等东西，这种奔波的生活十分艰难，最后不得不到香港避难。1943 年，李嘉诚刚上中学，父亲这时因病去世，一家人都受到重大打击。作为家中的长子，李嘉诚只能辍学工作，和母亲一起背起家庭的重担。

这一年李嘉诚进入了社会，他 15 岁在钟表店当学徒，16 岁到茶馆里当烫茶的跑堂，17 岁在一家五金制造厂作推销员。他一天工作十几个小时，这对一个还没成年的孩子是个很大的挑战。

李嘉诚刚开始做推销员的时候没有经验，经常被拒绝，为了把工作做好，他只能比别人花更多的时间，跑更多的路。别人做 8 小时，他就做 16 小时，背着货一家一家地推销。后来他总结出了做推销员的经验：做一个好的推销员既要勤劳又要动脑。他就那么坚持下去，两年后成了那家公司的总经理。

李嘉诚不会因为取得小成功而懈怠，他看中了新材料塑胶领域，并于 1950 年开办了"长江塑胶厂"。塑胶厂办了七年，李嘉诚将厂子的主要业务定位为生产家庭装饰用的塑胶花，因为这个产品销量十分稳定，市场状况好。产品多样化是当时的需要，为了生产新样式的塑胶花，他亲自到意大利工厂当工人，偷学制花手艺。

刚开始生产塑胶花的时候，一个外商想订大批的货，但对李嘉诚提出了要有富裕厂家担保的条件。这么大的生意李嘉诚自然非常愿意做，他到处找人给自己担保，但因为是白手起家，没有深厚背景，最后找了好几天也没找到给自己担保的人。最后李嘉诚告诉那个外商自己找不到人担保，外商看他那样诚实，决定和他签订购买合同。看李嘉诚如此诚信、讲原则，外商更加欣赏李嘉诚并愿意与其长期合作。

有着这样的精神魅力，李嘉诚的生意越做越好，长江塑胶厂成为香港塑胶花行业的龙头老大，在他的带动下，香港成为世界塑胶花生产的最大基地，他本人也成为了"塑胶花大王"。

在塑胶花行业正蒸蒸日上时，李嘉诚感到塑胶花行业不会永远昌盛，觉得应该在其他领域有所发展。他看到在香港这个弹丸之地房地产必将是最为繁荣的行业，因此决定涉足房地产。他给自己事业发展定下的原则是：在稳健中求发展，在发展中不忘稳健。

在 20 世纪 70 年代后期，李嘉诚筹划与享有两种特权的老牌英资财团竞争。经过多年的实力积累和精心策划，他暗中购买了大量青洲英泥公司的股票。青洲英泥公司是老牌英资财团太古洋行下属的公司，是香港历史最长、规模最大的水泥公司。买下它所拥有的股权，就意味着可以控制这家公司了，因此李嘉诚成了青洲英泥公司的董事局主席。

1979 年 9 月，长江实业成了英资财团"和黄"企业集团的控股公司，这是香港历史上首个华资财团控股英资财团的案例，是香港华资财团发展史上的里程碑，标志着香港华资财团与英资财团已经平分天下了。后来李嘉诚又击败英资置地公司，收购了"和记黄埔"，狠狠地给华资企业出了一口气，成为公认的"华人的骄傲"。

2011 年，李嘉诚依然是华人首富，在《福布斯》富豪榜上排名第 11 位，资产为 260 亿美元，比 2010 年的 210 亿美元增加 50 亿美元，排名提前了 3 位。

从贫苦童年到艰苦创业的年代，李嘉诚所表现出的都是内心强大和意志坚强的风范。无论是亚洲金融风暴，还是全球经济不景气，每一次风云变幻的形势都没有难倒他，他让人们看到的都是从容和自信。

李嘉诚心中一直牢记父亲的教诲："要做顶天立地的男子汉，就要失意不能灰心，得意不能忘形。第一是要能吃苦，第二是要会吃苦。"这是指导他一生的信条，也是他一生的宝贵财富。

受挫后，要对沮丧免疫

挫折会让人对失败形成免疫力，因为它让人清楚失败是如何出现的，要如何采取行动避免失败。因此失败会渐渐减少，成功的次数就会更多了。富豪们的成功之路就是如此。

"太阳总是要出来的，要勇往直前"

被美国人誉为"永不屈服的传奇英雄"的李·艾柯卡正是这样一个人。李·艾柯卡曾在福特公司任职，作为总裁的他创造了福特有史以来最好的汽车销售业绩。后来李·艾柯卡又到克莱斯勒公司任职，在那里他也大展拳脚，让遭遇巨大危机的克莱斯勒公司重新走上正轨，并创造了惊人的销售业绩，使其成为美国第三大汽车公司。

李·艾柯卡的父亲白手起家，有一些资产，在大萧条时保持了乐观的心态。他曾对李·艾柯卡说过："太阳总是要出来的，要勇往直前，不要半途而废。"李·艾柯卡在父亲的影响下也十分坚强、乐观。

李·艾柯卡的父亲拥有一辆福特汽车公司最早期的产品——福特 T 型车，而且是个汽车爱好者，喜欢摆弄汽车。因为有父亲的遗传，李·艾柯卡也十分喜欢汽车，后来的事业也都和汽车有关。

当时，意大利移民在美国也很受歧视。自尊心很强的李·艾柯卡成绩优异，从美国利哈伊大学毕业，取得了工程技术和商业学两个学士学位，后来又到普林斯顿大学攻读硕士学位，其间还学习了心理学。

1946 年 8 月，21 岁的李·艾柯卡来到底特律，成为福特公司的一名见习工程师。整天和机器打交道让李·艾柯卡觉得十分乏味，实习还没结束，他就和销售部门打起了交道，想去做充满挑战和活力的销售工作。福特公司宾夕法尼亚州的地区经理给了他机会，他成了一名汽车推销员。

李·艾柯卡十分好学，很快掌握了推销的要领，后被提拔为宾夕法尼亚州威尔克斯巴勒的地区经理。

在做销售工作的过程中，李·艾柯卡深受福特公司东海岸经理查利的影响，他以前也是工程师，后来做推销和市场工作。有一次，在李·艾柯卡所在地区的 13 个小区中，他的销售业绩最差。他感到十分失落，查利对他说："年轻人，别灰心，总有人会成为最后一名，不必这么烦恼。"准备走开时他又补充了一句："但是不要连续两个月都是最后一名。"

有了查利的鼓励，李·艾柯卡更有信心了，他竭尽全力地想办法，后来想到了让消费者分期付款购车的营销法。谁购买一辆 1956 年型的福特汽车，先付 20% 的货款，剩余的部分三年还清，每个月仅为 56 美元。消费者大多能承受首付和每月所还的金额，因此"花 56 元钱买五六型福特车"的营销策略大获全胜，汽车销量急速增长。

仅用了三个月时间，李·艾柯卡所负责地区的销售业绩就从原来的最后一名，一跃而成为全国第一名。这种推销方法被福特在全国推广开来，公司的年销量增长了 7.5 万辆。不久，李·艾柯卡被晋升为华盛顿特区经理。

做销售让他深刻认识到：想在汽车这一行取得成功，必须和销售商站在一起。这也是他一直遵循的一个信条，他也因此得到了销售商的拥护。

四年后，即 1960 年 11 月 10 日，36 岁的李·艾柯卡又被晋升为福特公司的副总裁和福特汽车分部的总经理。

毕竟李·艾柯卡曾经是一位工程师，对汽车设计他也有着浓厚的兴趣，他带领福特的设计队伍，夜以继日地设计出一款很适合年轻人的新车，名为"野马"。第一年就销售了 41.9 万辆，创下了全美汽车销售的最高纪录。两年即创下 11 亿美元销售利润的"野马"车使李·艾柯卡成为了名副其实的"野马之父"。后来李·艾柯卡又推出"侯爵""美洲豹"和"马克 3 型"这三款高级轿车，再次大获成功。1970 年 12 月

10 日，李·艾柯卡成为福特汽车公司总裁，成了美国第二大汽车公司
——福特汽车公司的二号人物。

此时他已经是备受瞩目的富豪。然而在 1978 年，他突然遭遇了一
场挫折，老板亨利·福特将其解雇，他一下成了一个失业者。不仅如
此，亨利·福特也对与李·艾柯卡关系紧密的人进行了打击，他以前的
追随者为了不被解雇都不敢与他联系。在福特当了八年总裁，一共在那
里工作了 32 年，没有了事业，也没了朋友，这对他打击巨大，他甚至
觉得那简直是个噩梦。

"野马之父"的光环不在，自己已无立足之地，以前的销售和设计
奇人，一下像个传染病患者，人人唯恐避之而不及。但是即使遭遇了这
么大的挫折，李·艾柯卡还是振作了起来，继续去寻找适合自己的
位置。

后来他进入了克莱斯勒公司。当时克莱斯勒公司正陷入危机之中，
已经没有了生气，65 万员工的工作和生活都无以为继。在这种情况下，
一般的方法是先大规模裁员，但李·艾柯卡并没有那样做，他认真分析
了国内外汽车市场的发展趋势，决定用紧缩开支为突破口，提出全公司
"共同牺牲"的方针。

"共同牺牲"，也就是全公司一起降低成本，降低工资自然也包括
在内，从各级领导到普通员工工资都要降低。这也是在李·艾柯卡取得
公司上下的人信任的基础上实现的，他已经从一个注重技术的工程师型
管理者变成了一个注重人心的管理者。李·艾柯卡从自己做起，把自己
36 万美元的年薪降为 1 美元。全公司上下都接受并认同了他的做法，
大家毫无怨言地牺牲了暂时的利益，和李·艾柯卡一起努力，让公司重
新走上了正轨。

同时，李·艾柯卡积极进行整顿改革，加大新产品开发的力度，在
生产制造上投入大量精力。紧缩成本和积极整顿最终让克莱斯勒公司重

新走上了正轨，更惊人的是他在克莱斯勒公司创造的销售纪录。李·艾柯卡创造了 6 年赢利 24 亿美元的纪录，比之前 60 年的利润总和还多，也因此，克莱斯勒公司成了美国的第三大汽车公司。李·艾柯卡的能力令行内的人惊叹，在商界他被认为是名副其实的英雄。

经历了再多的挫折也要坚强地站起来，这正是李·艾柯卡的父亲教给他的，他确实做到了。乐观而主动地解决问题，迎接挑战，结果必然好过消极悲观地面对危机，拥有这种态度的意义甚至超过了成功本身。

不放弃任何一次可能成功的机会

曾经的华人首富霍英东也经历了无数坎坷，然而年轻时的不幸与挫折成了他一生的财富。

他的祖籍是广东省番禺县，从祖父开始霍家就是漂在海上的"舢板客"，孤帆小船就是他们的家。1923 年 5 月 10 日，霍英东出生在小木船上，从此便一直在船上生活，6 岁之前没有穿过鞋。海港、海风、海浪、轮船……深深印在了他脑海中，那是他童年时看得最多的画面。

霍英东七岁时，家里出了事，一场台风吹沉了船，他的两个哥哥都遇难了，霍英东因为在海边不在船上而躲过了这场劫难。几个月后，霍英东的父亲也因病去世。一年之内，霍家遭了这么多难，母亲觉得应该让剩下的孩子更安全地生活，所以带着他们上了岸，住进了香港贫困的居民区。

母亲决心改变孩子们的命运，省吃俭用地供霍英东读书。霍英东知道母亲辛苦，一边刻苦读书，一边帮助母亲操持家务。白天在学校学习，晚上帮母亲做账、送发票，然后还会学习到深夜。贫困的家庭让霍英东十分疲惫而且营养不良，虽然身体瘦弱、常常体力不支，但他还是撑了下来。

18 岁时，霍英东不得不放弃学业，挑起了生活的重担。他对母亲说自己已经是个男子汉了，可以工作了，自己能让家人过上好日子。他就这样开始了拼搏之路。他在轮船上当过加煤工，在太古船坞做过打铁工，还在机场做过苦力。有一次，他搬一个 50 加仑的煤油桶，砸断了一根手指。

虽然经历了很多磨难，霍英东依然十分乐观，在工作的过程中不断吸取经验，在内心积蓄力量，他相信阴霾一定会散去，自己一定会有出头之日。

霍英东的母亲和 13 个熟人合伙在港湾仔附近共同买下了一家小型杂货店，由霍英东负责管理店务。他一个人经常面对十多个客人，这个时候他都希望自己能三头六臂。小店每天早上 6 点开门，晚上 10 点关门，即使关门了，他也留一个小门，以备客人到来。霍英东渐渐有了生意人眼快、嘴快、手快的特点，顾客对他很满意。他没有休息日和节假日，十分辛苦，在他的精心打理下，杂货店的生意越来越好了。

打理杂货店的经历给了他灵活的处事方法和敏锐的商业头脑，这都成了他后来做大生意的基本功。他不断寻找着商业机会。二战后，日军投降，他们留下了很多机器设备，那些设备稍微修理一下就能正常用，价格却很低。霍英东觉得这个生意能做，他那段时间每天都看报纸，看到拍卖日军剩余物资的信息就到现场去看，挑有价值的大批购买，修理之后再高价卖出。

有一次，霍英东看中一大批机器，出价 1.8 万港元中标成功，他回到家中请母亲帮忙凑钱。母亲因为一直过穷日子，不愿意冒风险，想过安稳的日子，不愿意给他凑钱。霍英东非常着急，眼看着这个生意就做不成了。恰好这时一个工厂老板看中了这批货，愿意出 4 万港元从他手里买下来，这样资金就不是问题了，霍英东成功收获了 2.2 万港元利润。虽然这些利润没有他原来期望的那么多，但毕竟是安稳收获的，这也成了他的创业资本。

他所经历的磨难还有很多，创业初期他一直不断和困难与失败作斗争。

1948 年，霍英东听说东沙岛一带的海底有很多可以制造胃药的原料"海人草"，澳门有一家公司愿意以每磅 1 美元的价格购买这种原料。他觉得这个生意能赚钱，马上和朋友成立了公司，带领不到 100 人的队伍，到东沙岛去割"海人草"。

一开始出海手续没有办妥，船被海关扣了；后来终于办齐了手续开船了，又遇到了台风，很多人丢了性命；船员们不敢出海了都溜走了，就剩下霍英东一个人。

已经孤立无援的霍英东自然受到了很大打击，但他还是不想放弃，他到汕尾重新招募了一些人，准备了食物和淡水，再次出海。在海上航行了几天几夜，他们终于到达目的地，第二天开始下海采集"海人草"。在海底采集植物很难，没有专业的潜水工具，工人戴上自制的木框潜水眼镜，先深呼吸，然后潜到 2 到 7 米深处的珊瑚丛中去采集，过不了多久，他们就要浮上来透气，然后再潜入水中。一天下来，那些工人下潜上浮成百上千次，筋疲力尽也采集不到多少"海人草"，一个人一天半筐都采不到。

而且岛上作业条件太恶劣，水下的珊瑚有芒刺，很容易刺伤工人，海水一浸泡伤口，疼痛难忍。东沙岛天气酷热，白天气温在 40 度以上，阳光直射在身上，工人都被晒伤了，还有海水闷蒸，到了晚上，身上很粘，海水很汗水混合在一起，发出腥臭的味道。晚上的闷热、蚊虫叮咬都让人很难忍受。

岛上没有淡水，人们只能喝半咸半淡的井水，饭菜也用这样的水做。几天后，带去的粮食和咸菜、咸鱼、咸菜都快没了，补给也没有送到。过了一个月，霍英东和工人都患了水肿病，脸和脚都浮肿，整个人虚弱无力。而且在那里还有生命危险，有时会有鲨鱼出没。

即使是过惯了贫困生活的工人，也不能忍受这样的饥饿、艰苦、危险。在大家快要熬不下去的时候，补给船终于到了。工人们吃饱了饭就不干了，跟着补给船离开了，又只剩下霍英东一个人。这次他依然没有放弃，他觉得离开了以前的努力都白费了，他再次招募了一批工人，开进东沙岛。

这次工人们又艰难地采集起了"海人草"。有一次，霍英东和工人运送"海人草"回去，途中突然狂风大作，下起了大雨，小船在大海的波涛中旋转起伏，工人辛苦采集的"海人草"散落在海上，很多天的劳动结果就这样全没了。船上的人被台风刮得分不清东西南北，霍英东和船员在船上和风浪搏斗了 12 个小时才脱险。霍英东带领不同批的工人在岛上熬了半年之久，把打捞到的"海人草"陆续出售，减掉成本，最后一算一分钱也没赚到。

在东沙岛经历的困苦和这次生意的失败，让霍英东终身受益，他更清楚尝试就可能失败，但即使会失败也不能放弃可能会出现的成功机会。这次经历铸就了他坚强的意志和对事业的雄心，他在后来的事业中遭遇困境时，一想到在东沙岛上的点点滴滴，就觉得什么困难都是可以战胜的。

霍英东后来真的做到了面对任何艰难险阻都义无返顾，正是那种淡定和自信让他在房地产、建筑和旅游等领域都得心应手，还想出了很多创新模式，取得了巨大成就。

有人问霍英东："假如人生满分是 100 分，您给自己打多少分？"他想都没想了："不止 100 分，起码 100 多分。"这种自信不是骄傲自大，而是经历狂风暴雨考验后对自己作的客观评价，可叹，可赞。

失败后的反省，找到更好的方向

失败给人的提醒是多方面的，有些人经历了失败不再冒进，不再好高骛远，能够脚踏实地，冷静地判断自己的行为。

失败让邦尼懂得"让自己的屁股坐下来"

身家 30 亿美元的美国的石油大亨邦尼是万众瞩目的富豪，令人瞩目的不仅是他获得财富的经历，还有他面对挫折时的表现。当年他是怀着美国梦的年轻人，失败来临的时候他选择了脚踏实地地走下去，他不放弃，不断奋斗，他曾经告诫别人："必须让自己的屁股坐下来。"

20 世纪 20 年代末，邦尼出生于美国俄克拉何马州的荷顿威尔镇，他在这个偏远的小镇长大，平凡而且安静。

从 12 岁起，邦尼就开始打工、做兼职，和很多美国少年一样，他用这种方式赚钱给家里提供零用钱。送报纸、做钟点工是他常做的事，每天他都顶着星星到报社拿报纸，再坐长途车把报纸送到指定地点，然后挨家挨户送报纸。送一份报纸的收入是一美分，他并不嫌少，因为他知道这是自己独立的开始，这种艰辛让他体会了赚钱的困难，他把这些都当成挑战。

然而，他并不甘心这样像蜗牛一样赚钱，野心在这个少年体内膨胀了起来，这种不安分让他成功过，也让他尝到了失败的苦果。

学习地质学专业的邦尼 1949 年转入俄克拉何马大学。1951 年毕业后，经过一位要好的教授的推荐，他进入了菲纳斯石油公司，从此开始了解石油产业。初入公司，他并不是很忙碌，面对的是大量的空闲时间。和那些渴望清闲的普通人不一样，他更希望自己是充实的，因为他还有自己的理想，有强烈的事业心。他不愿意庸庸碌碌地过下去，而是想成为一个独立的做石油产业的人。渐渐地，他有了自己的想法和行动。

他瞄准了美国西部的得克萨斯州，那里的丰富资源和广阔土地都吸引了他，他看到了广阔的创业前景，他相信，只要有资金，自己投入大量精力，那片土地一定能给他他想要的一切。

还在菲纳斯石油公司上班的邦尼十分勤奋，每天披星戴月，跑遍了当地的油田。他很快被提拔去做探测部门主管，但地点变了，被调到了火奴鲁鲁。

1954 年，邦尼终于按捺不住，准备自己创业，他的激情使他不可能安于做一个打工者，他向公司提出辞职，正式踏上了追梦之旅。

初创业的邦尼生活很拮据，他分期付款买了一辆客货两用车，这辆福特车在他那里彻底成了多功能车。白天，这辆车是他的办公室，晚上是他的宿舍，他还常常开车去谈生意。他能省钱就省钱，饿了就吃一个汉堡，渴了就买瓶汽水，困了就在车里眯一会，清醒了就继续干活。创业后的工作比在菲纳斯石油公司时累多了，强度增强了很多，但他毫不自乎，他相信苦都是暂时的，他一定能走向成功。

邦尼一个人做很多事情，很多琐事，包括接收和发送文件以及打字都是他自己做。起初，公司收费低，因为成本比较低，资金周转比较快，资金有保障。他的效率和质量很快得到了同行的认同和欣赏，营业额迅速增长，很多大公司成了他的客户，让他代理办合约的转让。他在每个自己介绍的生意中可以赚到 1000 美元。

邦尼的生意十分顺利，绩效超出了原来的目标，公司钻了 7 个油井，是原计划 3 个油井的两倍多。虽然当时每桶油只有 3 美元——因为中东降低石油价格，美国受到了很大影响，生意不景气。但是邦尼打开了自己的销路，卖了不少石油，足足赚了1万多美元。这个收入超过了他在菲纳斯石油公司打工时的工资，那时他的年薪才几千美元。

邦尼看到了胜利的曙光，他知道自己可以把公司做大，所以开始招聘人才，吸引有共同价值观和目标的人加入团队，他对自己的事业越来越有信心了。

最早与邦尼合作的人是麦卡特和约翰·奥伯恩，1956年9月，他们共同成立了一个石油公司，名为"石油发展机构"。邦尼是新公司的董事。第一年，有两个人帮了邦尼很大忙，他们是当时做秘书的施拉芙和后来成为加拿大卡加里分公司经理的罗顿，他们对石油运营十分熟悉，经验丰富，在公司的初创阶段，他们提了很多好的建议并有效地试成了，他们俩是邦尼一直不曾忘记的十分得力的助手。

助手接下了公司的日常事务，他可以把心思放在经营上了。告别了日常的琐事，邦尼开始高屋建瓴地解决问题，将自己许久以来对石油行业的想法付诸实践。首先他大力宣传自己的钻井主业，用各种优厚的条件吸引商界成功人士，让他们投资自己的项目。他曾经向投资者承诺：三年内就能够收回成本；以一些油井为单位，赚钱了大家分；先偿还投资款。这些条件让投资者不再有太多担忧，觉得这个稳赚不赔，所以投资者众多。

1958年3月，公司打算开发16口油井，竟然有51个投资者积极参与，得到的投资资金达50万美元。邦尼给了投资者想要的结果。在严格的考察、科学的探测和艰苦的打钻的保障下，1959年的石油发展机构企业生产总值就达到225万美元，是投资基金的五倍，这让投资者们笑逐颜开，当然这对邦尼本人和他的公司也是极大的收获。投资者们都明白，和邦尼合作能够实现双赢。

1959年年底，邦尼推出了"马沙利斯计划"，也就是在医生马沙利斯所投资金的基础上扩大集资，所集资金达47.5万美元，他计划开发

13 个油井。不但计划做得好，实际情况更让人满意，公司全年生产总值达到了 300 万美元。在原有诚信、高利润公司形象的基础上，公司信誉再次得到验证和信任，石油发展机构成为业内广受赞誉的公司。

然而，任何事情都不可能总是顺利，商场上的起起伏伏、变幻不定是如浮云般难以预料的，邦尼也自然也是如此。邦尼在 1959 年的一个新项目上栽了一个跟头。一个新的开采计划很匆忙地开始实施了，没想到判断是有问题的，公司在得克萨斯州用了四个月时间钻井，但竟然下面都没有石油，这个项目损失达 50 万美元，还让邦尼背上了债务。

这个项目的失败极大地影响了石油发展机构在业内的信誉，公司业绩迅速下滑。为了节省资金，渡过难关，公司进行了裁员，甚至整个公司只剩下三个人。邦尼每天都在想起死回生的办法，他奔波在美国和加拿大之间，不断寻找机会，寻找能让他满意的采油点。他认为凭借自己的专业知识和经验，能够克服眼前的困难，坚持奔走寻找。

自从那个项目失败后，邦尼的生意没有初创时那么顺利了。在三年时间里，他的努力奔走常常以失败告终，他看不到一线希望之光，甚至对自己的事业几乎绝望了。然而有那么一天，机会还是来了，邦尼在德克萨斯州夏志郡找到了合适的油田，油田质量非常好，能钻 98 口油井，每天能产 60 桶油。当时他还面临一个困难，公司资金紧张，没有钱来开发这些油田。邦尼想了一个办法，把油田低价卖给投资者，4 万美元一口井，虽然赚得少了，但是这个稳赚的项目总算可以接下来了。在这个项目中，邦尼净赚了 75 万美元，他将第一次失败时的债务都还清了。邦尼开始复兴的行动，招聘了员工，继续扩大生产。

一波未平，一波又起。邦尼和公司很快再度遇到了挑战。

而难关渡过没多久，邦尼就再度遇到了风波。公司的大股东麦卡特知道公司东山再起了，而且绩效良好，想自己独立管理这家公司。麦卡特谎称自己病入膏肓，身患癌症，要求石油发展机构还清他的债务，并宣称自己要退股。邦尼看出了麦卡特的意图，决定与麦卡特博弈。他和助手商量好后，与麦卡特讨价还价，最后决定以每期 5 万美元、分期付款的形式还清麦卡特索取的 35 万美元的债务，但是要求麦卡特退出公司。

在经过了多次失败以后，邦尼明白了自己的好高骛远差点断送了自己获得的所有成果。他痛定思痛，决定稳扎稳打，脚踏实地地向华尔街进军，邦尼迈向华尔街的第一步是把"石油发展机构"改名为"麦沙石油公司"。几次的失败让邦尼明白了稳健经营的重要性，他开始着手进行有序的资本扩张，从而在稳健中获得了回报。

邦尼出手不凡，1964 年，麦沙石油公司年营业额就达 150 万美元，纯利 43 万美元，当年邦尼集资发行了 42 万股新股。很快，邦尼就收购了吉尔逊石油公司。1964 年，麦沙石油公司的股票每股价值 35 美元，1967 年涨到了 60 美元。麦沙石油公司成了华尔街的一匹黑马，人们纷纷说这只石油股票可以买进，说他有着极大的增长潜力。

1969 年，邦尼创造了一个华尔街上的奇迹，他没有用一点资本就顺利地收购了高顿石油公司，令金融街唱叹不已。当然这得益于好的交换条件。麦沙石油公司发行每股价值约 8 美元的新股来交换赫高顿股票，邦尼用了一个聪明的方法，向愿意交换者赠送认购凭证，这个凭证可以在未来 5 年内可认购麦沙股票，这极大地吸引了购买股票的人。邦尼因此身价倍涨，到 1971 年，邦尼已经是拥有 1000 万美元资产的真正富豪了。

除了在华尔街大展拳脚，邦尼也将自己的资本手腕用到了其他领域，他做了一些其他行业的投资。1969 年，邦尼购买了一个拥有 2.5 万头牛的牧场，而且很好地管理和经营了这个牧场，因此有了十分满意的收益。后来，他又投资了一个养了 5 万头牛的牧场，到了 1972 年，迅速发展的牧场已经有 16 万头牛，然而一直在持续增长，到 1973 年已经有 16.5 万头牛。这足见邦尼的经营能力，这些牧场为邦尼的财富积累再次做出了贡献。

邦尼时常提醒自己，要让屁股坐下来，因此他的主要事业仍在石油上。

从 1973 年起，阿拉伯世界对西方国家实行石油禁运，油价逐渐上涨，每桶石油从 3 美元涨到 13 美元，1979 年涨到 35 美元，1981 年则高达 40 美元。麦沙石油公司的利润也扶摇直上，成了美国最大的独立石油公司，资产总额达 20 亿美元。资产不断积累的邦尼没有停下追求财富的脚步，他收购的行动反而变得更多了。

1982 年 12 月，邦尼一生中最大的收购开始了，目标是当时美国排名第六的海湾石油公司。海湾石油公司的石油主要来自墨西哥海湾，石油危机时，海湾石油公司也是一大赢家，因为阿拉伯国家的石油禁运，它获得了巨额的利润。然而 1981 年以后，这家有着 4 万员工公司迅速受到打击，因为油价从原来的 40 美元降到了 15 美元，海湾石油公司面临了经营的窘境。

1984 年 6 月 15 日，麦沙石油公司和海湾石油公司签订协议，内容为：麦沙石油公司出价 80 美元一股，完全收购海湾石油公司。邦尼从这次收购中获得的纯利润达 70 亿美元，这又引来了华尔街金融街的瞩目。不久后，邦尼又成功地收购了自己当年曾经任职的菲纳斯石油公司，这个当年微不足道的小职员一下成了这家公司的主人，这是一个趣谈，也淋漓尽致地展现了邦尼的雄心与成功的程度。

邦尼的成功达到了顶点。他的麦沙石油公司成了美国最大的独立石油公司，拥有 30 亿美元的财富，他能有如此成就与其从失败中总结出的"让屁股坐下来"的脚踏实地的作风是分不开的。

所以，人生的挫折是一笔巨大的财富，只要有充满智慧的头脑，失败带给一个人的是终生受益的经验与哲理。失败后，邦尼看到了自己的弱点，及时地调整了自己，学会了脚踏实地地做事。所以邦尼成为了华尔街的大亨，亿万财富的拥有者。

挫折修炼出"东方拿破仑"

马云是中国土生土长的企业家，被《福布斯》杂志称为"东方拿破仑"，他曾经经历过数次失败，每次都脚踏实地地解决了问题。

学生时代，马云就十分勤奋，不过在高考这件事情上他失败了两次，第三次高考后才被杭州师范大学录取。在大学里，他也积极地寻找锻炼的机会，曾经担任过学生会主席，后来还成为杭州大学生联合会主席。大学毕业后，马云留在母校任教，成为一名大学老师。

马云教了五年书，但一直想到公司工作，到社会上磨炼自己。1992年，中国的经济环境发生了变化，马云到很多单位应聘，但都以失败告终。马云还曾到肯德基应聘过，职位是总经理秘书，结果是再次被拒绝。虽然求职过程中遭遇了挫折，但是马云在心里始终没有放弃自己的梦想，而是随时做好准备等待机会的降临。

1995 年，马云得到一个去美国西雅图访问的机会，他当时的身份是一个贸易代表团的翻译。在那里他知道了什么是互联网，他感觉互联网可以带来商机。回国后他决定办一个网站，这个想法为很多人所不理解，因为大家都不知道网络是什么，但他坚持去做了。他借了 2000 美元创建了公司，将网站取名为"中国黄页"。

那时，马云还是一个电脑盲，他从没碰过电脑，在创业的过程中，他边干边学，逐渐变成了电脑通。公司虽然经历了开始的艰难，还是逐渐壮大起来了，甚至成了中国电信的对手。经历了一番较量之后，中国电信出资 18.5 万美元和马云的公司合并为一个公司。在董事会上马云的公司处于劣势地位，中国电信在董事会上占有五个席位，马云的公司占有两个。这种状况使马云在董事会失去了发言权，受到很多的约束，不能将自己的想法付诸实践。马云觉得在这个合作公司里很难找到机会，所以把目光投到了公司以外。

1997 年，马云的机会来了，他接到中国外经贸部的邀请，在外经贸部开发官方网站和建立中国网上交易市场。他觉得这次应该放手一搏，不能因为公职被约束住手脚。所以他在 1999 年辞职，开始创办阿里巴巴网站。从这个时候起，马云真正投入到了电子商务行业，主要做 B2B 业务。在公司创业资金短缺的情况下，马云召集了 18 个人，认真地对大家讲述他的构想，勾勒出公司美好的前景，也说了实实在在的行动计划。两个小时后，每个人都支持这样的构想，开始掏腰包，一共凑了 6 万美元，这就是创建阿里巴巴的本钱。

起初的阿里巴巴没有多余的资金也没有技术，更没有计划，可以说是个"三无"公司。马云带着自己的团队一直坚持奋斗，所以阿里巴巴活了下来。1999 年阿里巴巴融资，高盛给阿里巴巴投资，2000 年的时候阿里巴巴又得到了软银的投资，公司规模很快就扩大起来了。

电子商务在当时还是个新鲜事物，马云知道这个行业有前景，但是风险也是客观存在的。2002 年，网络经济遇到困难，很多 B2B 电子商务公司不能承受冲击而倒下。此时，阿里巴巴也因为规模扩张太快感到发展受阻，当时，公司所有的资金只能维持一年半。在同行纷纷退出的时候，马云没有退出，他相信自己从这条路上能走远，他相信机会还会来到，他和他的团队一直向前，披荆斩棘。

经历挫折之后，人往往会更渴望用成功来证明自己。当时整个团队上下齐心，表现出更强的凝聚力。经过探索与研究，阿里巴巴开发出了一个新产品，为中国要出口商品的企业和美国的购买者牵线搭桥。这个业务让阿里巴巴再度崛起。到 2002 年底，公司的财务状况发生了好转，营业额从此开始逐年上升，逐渐形成了现在这种赢利能力极强的商业模式。

困难没有难住马云，面对每一个挫折，他都选择了理性地对待，先把心沉下来，再去积极想办法，寻找机会。马云曾说过不知道什么是成功，但知道什么是失败，面对失败不能放弃，要保持积极向上的心态，这就是马云给别人的忠告，更体现了他面对失败时的那份沉稳。

在网络泡沫时期提出"跪着"过冬的就是他，阿里巴巴因此渡过了难关。

不要抱怨，去解决问题

微软创始人比尔·盖茨说过："当你陷入人为困境时，不要抱怨，要默默地吸取教训。"很多富豪就是这么做的，当挫折和失败来临时，他们不是内心充满愤恨，而是保持积极的心态。正是这种态度让他们又重新站起来，再创辉煌。

他积极应对，是失败打不倒的"巨人"

从巨人汉卡到巨人大厦，从脑白金到黄金搭档，史玉柱用自己的经历，真实地诠释了遭遇失败也不抱怨的精神。

史玉柱是最早一批大学生下海创业的典型代表，从以一己之力开发汉卡到巨人的彻底失败，到开发保健品，再到回归 IT 产业，他每次都是迅速登上巅峰的。他是中国为数不多的经历了三次创业的企业家。

经历了巨人的巨大成功和 1997 年的彻底失败，史玉柱并没有放弃。1998 年，改革开放已经有 20 年，中国经济已经有蒸蒸日上的势头。这一年的史玉柱明白了稳健对一个企业发展的重要性，从这一年开始他脱胎换骨，携脑白金重来。他从实业家变成了投资家，从激情满怀的创业者变成了沉稳成熟的守业者。

2004 年，史玉柱重返 IT 行业，凭一款《征途》在网游行业掀起一场风浪，《征途》和其他一些免费网游在三年之内让网游产业的市场营业额翻了两番。巨人网络在纽交所成功上市，史玉柱成为中国 IT 业备受瞩目的富豪。

他是很多大学生创业者的偶像，曾经用五年时间在富豪榜上位列第八；后来他瞬间负债 2.5 亿，他的失败成为很多企业家引以为戒的案例；但很快他又成了著名的东山再起者，成为保健巨鳄、网游新锐、身家数百亿的企业家，守信地还清了当年地债务。积极应对挫折和失败，无疑是他再次获得成功的重要条件。

正是懂得不抱怨的人生智慧，史玉柱才能东山再起，重新创造辉煌。1997 年巨人的巨大失败对史玉柱来说反而是一笔宝贵的财富，他不仅学会了积极进取、不抱怨，也学会了专注和踏实。

临危受命的"中国灯王"

海内外知名的灯饰大王林国光也是挫折成就的富豪，维护家族荣誉和还债的巨大压力让他不得不勇敢地向前。

生于台湾的林国光年轻时曾去美国创业，通过四年的积累开了一个进口公司，效益非常好。他大哥在台湾办的灯饰公司贤林公司这时遭遇危机，濒临破产，他大哥还得了肺癌。这家灯饰公司是林家的家族企业，承载着林家的荣誉。林国光这时被大哥召回国，挑起家族企业的担子。

当时贤林公司已经债台高筑，林国光的大哥病入膏肓。在这种情况下，公司可以申请破产，但他大哥不愿意让那些债权人利益有损失，也不愿意在骂声中离开人世。林国光决定奋力一搏，他把自己的房子和一些家产都变卖了，并把所有债权人叫到一起开会。他和债权人说："现在有两个选择，一个是钱还不上了，让我大哥带病去坐牢；另一个是，给我半年时间，我让公司赢利，从第七个月开始，每人每月还一点钱，直到还清。"债权人当然不愿意让借出来的钱打水漂，所以都选择了第二个方案。

从此，林国光每天八点上班，工作到凌晨两三点，和妻子吃的饭菜特别简单，十分节俭。用了五年时间，林国光把400多万的债务都还清了，经过拼搏，他最终成了资产上亿的灯饰大王。如今林国光已经是拥有多家超市、KTV 和灯饰企业的亿万富豪。

家庭的危难、几百万元的债务，没有压垮林国光，他没有抱怨，而是理智、坚强地对待困难，最后还清了债务，还把企业做大了。遇到挫折不抱怨，保持清醒的头脑和坚定的意志，这种智慧成就了林国光。

从教训中找到成功的机会

美国知名创业教练约翰·奈斯汉说："造就硅谷成功神话的秘密，就是失败。失败的结果或许令人难堪，但却是取之不尽的活教材，在失败过程中所累积的经验与毅力，都是缔造下一次成功的宝贵基础。"的确，失败带来的并不全是坏处，失败带来的教训能避免下一次失败；失败关闭了一扇门，你就会去寻找另一扇门打开，并可能会取得更大的成功。

没有路就自己开辟一条路

牛根生也是从挫折中走出的乳业巨子，如果没有那些挫折可能就不会有蒙牛这个乳业奇迹。

1958 年，牛根生出生于一个贫困家庭，家里没钱养他，就把他送给了一个姓牛的人家，牛家给了他的亲生父母 50 元钱。养父给他取了牛根生这个名字，养父母的家庭也十分特别，养父被抓过壮丁，当过警察，养母以前给国民党官员做过姨太太。文革的时候，养父母被批斗，被罚扫马路。养母身体不好，那时才八九岁的牛根生非常懂事，每天早上四点就起来替养母扫马路。他才 14 岁，养母就去世了，不到 20 岁，养父也去世了。他再次成了孤儿，忍饥挨饿、受冻挨打是常有的事。还申请过政府救济，受到过社会上一些团体的关照，就这么艰难地渡过了那些年。

小时候因为养父母被批斗，牛根生经常被班上的同学欺负，同学不管男女，谁想打他就打他，被一群人打是经常的事。面对别人的打骂，他从来都不还手，多年后有人问他为什么不还手，他说还手了就会挨更多的打，不还手才能让这件事快点结束。

他懂得改善和同学的关系，就算同学打他了，他也想和他们的关系好起来。母亲给他的零花钱他和同学一起花，时间长了，大家都喜欢他，大家都愿意听他的话，他不仅不挨打了，还成了组织能力很强的孩子王。从那时起，牛根生就懂得了"财聚人散，财散人聚"的道理，童年经历是他信念的源头。

那些磨难练就了牛根生坚毅的性格，一直成为他后来事业的根基，正因此他才在后来遇到困难时总能从容应对。

1978 年，牛根生 20 岁，他进了内蒙古最大的乳品公司伊利，在那里做养牛工人。经过 20 年的打拼，他当上了伊利集团生产经营副总裁。他的勤奋、努力得到公司的一致好评。没想到 1999 年，自觉事业蒸蒸日上的他被董事会罢免。年过 40 岁的牛根生遭到重创，在伊利工作 20 年，突然与伊利一点关系都没有了，他感到十分失落。但是生活还要继续下去，他打算去应聘，找一份工作。但他已经 40 多岁了，那些公司都愿意招聘年轻的员工，就这样他被自己看好的所有公司拒绝了。

找不到合适的工作，牛根生决定自己创业。本想开一个海鲜馆，一切都准备好了，他又纠结起来，觉得还是应该干老本行。恰好伊利以前被免职的同事找他，希望他带头创业。和以前同甘共苦的兄弟创业，他有很大的动力，他曾经和兄弟们说："哀兵必胜！从现在起，我们就重新打造一个伊利，我就不信咱们走不出一条路来！"

1999 年，牛根生用他和妻子的 100 万元股票创立了蒙牛。他很有人格魅力，新公司的筹划还没有完备时就有 300 多名伊利的生产、销售、技术骨干愿到他的公司来，和他一起创业。其中还有很多人主动借钱给牛根生，蒙牛的注册资本立即从原来的 100 万元变成了 1300 多万元。

蒙牛刚创立的时候，无奶源、无工厂、无市场，所以牛根生决定先开发市场，后建立工厂。团队在他的带领下盘活了 7.8 亿资产，还解决了很多人的就业难题。蒙牛专心搞产品创新，有过很多次艰难的尝试，蒙牛用 8 年时间成为全球液态奶冠军、中国乳业总冠军。这种发展速度证明了"先开发市场，后建立工厂"策略的正确性。

牛根生的原则是"先难后易"。2003 年底到 2004 年初，牛根生和公司管理人员出国两次，去考察世界奶牛养殖的最新状况，从中吸取经验。美国、加拿大、荷兰、新西兰、澳大利亚等国的大牧场他们都去参观过。第一次考察被戏称为"从一个牛圈到另一个牛圈"；第二次考察，5 天访问了 7 个牧场、10 多个养殖基地，行程非常紧张。蒙牛的"牧场联合国"

就是牛根生和团队出苦力建立起来的，并取得了飞速发展。

2004 年 6 月 10 日，蒙牛正式在香港联交所主板上市，成为第一家在香港上市的中国大陆乳制品企业。2011 年 6 月 11 日，牛根生辞去蒙牛董事会主席一职，专注于慈善事业。

虽然他和财富的舞台渐渐远了，但他曾经的坚强与辉煌值得人们记住。从一个普通养牛工到乳业巨子，牛跟生创造了奇迹，把失败当老师正是他成功的主要原因。

面对失败，他有自己的坚持。他常说："动摇就是最大的失败，你想失败就动摇，而动摇只有一种结果，那就是失败，而如果不动摇，则有两种结果，一种是失败，还有一种是成功。"从他身上学到这些就可以受益终身。

"从绝望中寻找希望，人生终将辉煌"

被誉为"留学教父""创业英雄"的俞敏洪也是经过千锤百炼之后才成功的。

1962 年，俞敏洪出生于江苏省江阴市的一个农民家庭。他有着江阴人的特有的性格：南北兼容，刚柔相济，粗中有细，豪放豁达，坚韧不拔，懂得放弃，思想开放，重情轻利。

他经过了三次高考才考上了北京大学，1985 年，留在北大任教，后来他在学校作英语培训。1990 年秋天的一个晚上，天下着雨，王强在俞敏洪家做客，突然听到学校广播里在说俞敏洪。俞敏洪仔细一听，广播里播的正是学校处分他的信息。本来北大处分老师向来都不张榜，以维护老师的尊严。这种突如其来的公开处分方式让俞敏洪倍受打击，他一时措手不及，觉得这对他是一种侮辱。

处分布告在北大著名的三角地橱窗里公示了一个月，处分决定在校园广播里播了三天，在学校有线电视台播了三天。消息一传开，学生们也都用异样的眼光看俞敏洪了，没法上课了，他不得不离开学校。

俞敏洪当时是走投无路的感觉。30多岁，没了工作，未来到底应该干什么呢，他这么问自己。经过一段时间的思考，他还是决定去行动，改变自己不如意的生活状态，所以创办了新东方。多年后，俞敏洪说："北大踹了我一脚，当时我充满了怨恨，现在充满了感激。"

刚开始创业的时候，俞敏洪经常自己在大街上帖招生广告。北京的冬天很冷，他口袋里装着二锅头，冷的时候就拿出来喝几口。当时也有一些培训学校和他的学校竞争，一次一个新东方的员工在街上帖招生广告，被竞争学校的员工用刀子捅伤了。俞敏洪意识到创业需要的不仅是自己的努力，也需要认识一些能帮自己的朋友。他想认识几个警察，他打算从跟自己打过交道的人开始操作，所以请了和自己有过一面之缘的刑警队的几个人吃饭。他揣了3000多元钱，去了中关村一家高档酒店的美食城。俞敏洪并不是一个特别能说会道的人，见了那些人不知道要聊些什么，只能劝酒，因为劝得不太成功，自己反倒喝多了。吃菜少，空腹喝酒，很快就醉了，最后从椅子上滑下来，钻到了桌子底下。

一看人不像喝醉，像是酒精中毒了，警察和别的老师赶紧把他送到医院，两个小时才抢救过来，医生说要是别人喝这么多就醒不过来了。他醒了说的第一句话是："我不干了！"同事背着他回家，他在路上一边哭，一边撕心裂肺地喊"我不干了！把学校关了！我不干了！"听见的路人都被吓到了。真正清醒了，他看看表，想起晚上7点还有课，拿起书就去上课了。

他是不会那么轻易放弃的，他曾经说过："生命中会遇到很多的困难和障碍，不是让你的生命停滞，而是令生命之旗更加高扬。"他把失败当成磨炼意志的机会，知道有斗志才有可能有机会。创立新东方，他经历的挫折非常多，他没被那些困难击倒。因此新东方上市了，成为当时中国唯一上市的教育集团。

俞敏洪是中国英文教育领域独辟蹊径的领袖人物，他的成长经历堪称传奇。从农民的孩子到留学教父，从落魄的民办教师到亿万富豪，他的转变让人不得不惊叹。他不仅积累了个人财富，也给很多年轻人带来了巨大的精神财富；因为他不仅是一个成功的创业者，也是一个励志榜样。他一路高唱着"从绝望中寻找希望，人生终将辉煌"，他面对挫折和困难时的坚强、乐观让同样奋斗着的人们看到了光明。

选择最佳方案， 将损失降到最低

人生中不知会出现什么样的挫折，当它来临时只能去理性应对，一个好的选择带来的是未来的无数机会，一次错误的选择带来的则可能是灭顶之灾。比尔·盖茨和扎克伯格都曾遇到过这样的挫折，他们用最适合自己的方式解决了问题，因此才有了后来的一切。

坚持版权诉讼，终得赔偿

微软刚刚成立两年就遇到了几乎置企业于死地的官司。现在回想，要是当时比尔·盖茨稍微动摇一下，微软这个当时名不见经传的小公司，也许就夭折了，也就不可能有今天人人都离不开的微软了。

事情发生在比尔·盖茨和保罗刚刚建立微软的时候，当时他们是寄生在 MITS 公司上的。微软与 MITS 签订过合约，MITS 必须尽最大能力销售微软的 BASIC 程序，而微软不能销售自己的程序。因为程序很好用，很多人未经允许就进行复制，市场上盗版很多，MITS 就不再努力销售这个程序了。这种情况使比尔·盖茨十分愤怒，打算收回 BASIC

的销售权。

盖茨正在为这件事焦虑的时候，他作律师的父亲建议他为收回 BASIC 的销售权进行诉讼。MITS 的老板罗伯茨知道大事不妙，就将 MITS 卖了出去，PERTEC 购买了它，因此诉讼的对象成了 PERTEC。

盖茨与保罗·艾伦在上诉与仲裁之间曾犹豫不决，上诉要花费巨额费用，而仲裁会很省钱。后来他们决定交给相关部门仲裁，而这个过程竟成了一个漫漫长夜。政府对这种从未遇到的案子犹豫不决，请了很多专家作顾问。PERTEC 在仲裁没有出结果时，拒绝向微软支付合同权利金，微软的资金链断了。

这场官司差点使微软关闭，最难的时候连律师费都支付不起，甚至考虑过对方提出的庭外和解的条件，幸好他们坚持住了，没有走那条路。九个月后，案子得到了宣判，PERTEC 不得不做倾囊赔偿，他们为自己蔑视合同的行为付出了代价。

在微软资金最困难的时刻，比尔·盖茨可以向父亲的金融机构借钱，也可以向其他亲人借钱，但是他始终认为商业行为和家庭关系不能混淆，所以他从不去和家人借钱。

这场官司使比尔·盖茨终生难忘，也使微软成为了一个特别的公司。放眼美国大大小小的软件公司，没有一家像微软一样，微软本身从不向金融机构借款，反而通过自己的基金组织向外提供贷款服务。微软没有任何债务，它的资金储备巨大，相当于一个不发达国家的全年生产总值。

接受损失，把最重要的事情做好

年轻的 Facebook 的创始人扎克伯格的危机意识也帮助了他，使他之后的路走得更加顺利。

2008 年 7 月，美国双胞胎兄弟卡莱沃斯和泰勒·温克莱沃斯状告扎克伯格的案子在美国圣何塞地方法院举行了听证会，"Facebook 剽窃案"引发了人们的关注，原告是扎克伯格的大学同学。

扎克伯格与温克莱沃斯兄弟的故事开始于扎克伯格在哈佛受了处分以后。当时，温克莱沃斯兄弟正在开发一个名为 Connect U 的哈佛内部交友网站，特别需要像扎克伯格这样的电脑奇才帮忙。在他们几次的邀请下，扎克伯格加入了他们的团队。他们合作了有一个月的时间。2004 年 2 月，扎克伯格不想依附于他们，独立出来，创建了网站 Facebook。这对兄弟认为扎克伯格背叛了他们，加上当时资金短缺，所以将扎克伯格告上了法庭。

扎克伯格的目标是要把刚刚"诞生"的公司办好，而不是困在这个无休止的法庭争论之中，因为他们曾经在一起合作过，很难说清楚这个最初的想法是谁做出的。所以，官司持续了几年时间后，扎克伯格选择了庭外和解。扎克伯格赔偿给温克莱沃斯兄弟 6500 万美元以及 4500 万美元的公司股份。

扎克伯格的这一妥协做法表现出了他善于决断的特点和应对危机的能力。扎克伯格意识到这种诉讼有可能将公司拖垮，他不能意气用事，因为自己还有更远大的理想。他让这场旷日持久的诉讼控制在最小损失的范围内，这种坚持自我的意识迅速帮助公司摆脱了"泥沼"走上了高速发展的道路。

第8堂 人脉课:
做生意就是做情意， 人脉就是财脉

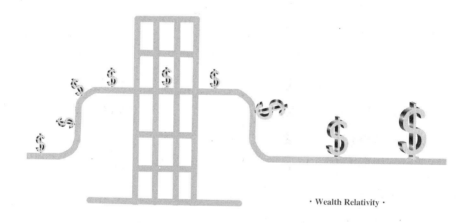

· Wealth Relativity ·

　　人脉是成就事业最重要的资源，成功者没有人没用过它。《福布斯》超级富豪中很多人很好地利用了人脉，分享资源，共用机会，因此创造了奇迹。他们是怎么建立人脉，并利用别人的资源来成就事业、创造财富的呢？

有些人通过加入顶级社团获得了支持自己一生的资源，有的人则通过自己的精英朋友圈来获取机会，有的人用家族势力去创造条件。其中最为典型的则是加入顶级社团骷髅会。

或许我们不会加入满是精英的顶级社团，没有实力雄厚的家族背景，然而他们处理好和利益相关者的关系，把握自己所需要的资源，坚守原则等等，却是我们可以学习的。投资大亨兰伯特、黑石联合创始人施瓦茨曼、《时代 & 生活》杂志的创始人亨利·卢斯以及联邦快递创始人史密斯给我们上了很好的一堂人脉课。

和最优秀的人交朋友， 就是挖到了宝藏

看到《福布斯》富豪榜上长长的名单时你可能不会知道，有很多人曾经加入过一个神秘的组织，它叫"骷髅会"。而他们能够进入这个组织的第一个条件就是：必须是精英。而作为耶鲁大学的学生，他们成为精英的条件很大一个因素是家庭。就是说他们最数是英国人的后裔，有贵族的血统，要受过非常好的教育，在中学时候曾在贵族学校寄宿读书。

骷髅会的会员们有着精英的潜质，他们互相帮助、提携，很多人成了举世瞩目的成功人士。联邦快递的创始人——弗雷德·史密斯和有着"下一个股神巴菲特"之称的 ESL 投资公司主席爱德华·兰伯特就都是骷髅会的会员，也都是这个组织的受益者。

1832 年，耶鲁大学的在校生威廉·罗素（又译拉塞尔）和阿方索·塔夫托组建了骷髅会，把骷髅头作为组织的标志，因此得名"骷髅会"。这个组织的活动一向是保密的，有着浓厚的神秘色彩。

威廉·罗素来自美国东部豪门，他是耶鲁大学的优秀学生，曾以成绩最好的耶鲁毕业生的身份在毕业时致告别词。离开校园后，他依然保持着优秀的作风，成为政坛上影响巨大的人物。通过反思自己，罗素认为一个人成功与否，个人素质起着决定作用，所以"骷髅会"十分注重会员的血统，因为那代表着他是否有好的基因。所以他们喜欢贵族后裔，钟爱精英，他们就是要培养精英中的精英，让最优秀的人变得更优秀，而且互相帮助，形成一个有力的联盟。

骷髅会的精英理念，加上会员本身出身名门望族，这使骷髅会会员能够成为各行各业的佼佼者。而会员们的交往就是资源共享的过程，那真的也是一个挖宝藏的过程。

社团专业精神让伟大创意变成现实

弗雷德·史密斯是受精英社团影响而成为有巨大影响力企业家的一个代表。弗雷德·史密斯出生在在美国孟菲斯市郊马克斯一个富裕的家庭。他的父亲在当地颇有名气，创办了迪克灰狗巴士公司、"托德尔酒家"餐饮公司等企业，有着巨大的财富积累。

弗雷德·史密斯和父亲一样精明强干，在学校是成绩优异的学生，很小的时候就开始帮父亲做生意了，这一方面因为他天分过人，另一方面因为父亲的引导。除了爱学习和会经商，弗雷德·史密斯还有很多爱好。他一直十分喜欢飞机，想成为开飞机的人，所以在 15 岁时，他考了私人飞机驾照，并顺利过关。15 岁对弗雷德·史密斯来说是一个特别的年龄，他从那时起就走上了成功之路，当年他还创办了一家唱片公司，这个公司发展得很好，现在依然在顺利发展。

成绩优异的弗雷德·史密斯于 1962 年考进了耶鲁大学，所学的是经济学和政治学专业。进入大学的他很快就表现出了多面手的特点。他不仅成绩优异，在社交活动中也表现得非常出色。他热情而有能力，曾担任过校园唱片节目播音员，还报名参加了海军陆战队后备役军官训练班。

后来弗雷德·史密斯投身创业，他选择了运输业，这是个古老而又随时代不断发展的行业。他能看到这个行业的前途，除了因为他的头脑和眼光，也是因为他曾为父亲办过运输公司。弗雷德·史密斯曾给家族中的一个祖辈当过江轮船长，他父亲创办的"迪克西灵提长途汽车公司"也曾让他对运输业有很深的认识，他还曾和哥哥一起开过一家只做南方菜的饭馆，名为"托德酒家"，这意味着要不断运输南方材料到饭馆。对运输业的熟悉使他首先想到的就是新时代、新形式的运输业，所以他后来面临诸多困难时，也从"骷髅会"那里得到了帮助。

19 世纪中期，汽车逐渐增多，亨利·韦尔斯看到这个新的交通工具可以为快递行业使用，因而创办了韦尔斯－法戈公司，渐渐形成了横贯大陆的快递系统。因为看出人们会逐渐转移到郊区居住，亨利·福特生产了低价的小汽车以满足未来人们的需求，福特汽车因此营业额大增。史密斯和亨利·韦尔斯、亨利·福特一样，看到新技术的发展和人口的大量移动将使人们需要快速邮寄一些小件东西，所以他打算创办一个能快速运输的快递公司。

还有什么交通工具比飞机速度更快呢？弗雷德·史密斯决定用飞机作为自己的运输工具来运送快递包，这个 15 岁就会开飞机的人，再次和飞机紧紧地联系在了一起。

他创业的第一步就是购买阿肯色航空销售公司的控制股权。阿肯色航空销售公司是做涡螺旋桨飞机和喷气飞机的维修服务的，总部坐落在小石城。当时这家公司的运营状况并不好，已经亏损了很长时间，要控制公司股权需出价 100 万美元，没有长远目光的人是不会购买这样的公司的。购买这家航空销售公司后，"骷髅会"的会员们曾给过史密斯很多好的建议，曾经几度伸出援手，在维修飞机的过程中，公司不断收集信息，从而掌握了大量购买废旧飞机的信息，这家公司一下变成了一个情报公司。这些情报都变成了实在的利益，公司的营业额飞涨至 900 万美元，两年内的纯利润是 25 万美元。获利数字虽然不大，但这家公司已经从亏损公司变成了赢利公司，发生了质的飞跃。

为了了解建立快递公司更快地运送小包裹是否有市场，史密斯去了解同类企业。当时，埃默里航空运输公司和飞虎航空公司是最大的两家，它们都是在第二次世界大战后开业的，两家公司在 1969 年的年收入都能达到 1 亿美元。史密斯自信自己可以提供更让客户满意的服务，他当时很诧异为什么没有人提供更好的服务以占据更大的市场。在耶鲁大学上学时，弗雷德·史密斯就曾将提高快递服务来赢利的想法写成论文，教授给的评论是：联邦法律和条例是不会允许这种形式的企业存在的。但史密斯心中还是充满希望，他认为那其中有很大机会。

在史密斯需要详细数据来证明自己的想法时，一个骷髅会会员给他提供了帮助。这个会员开办了两家咨询公司，史密斯请这两家公司对行业进行专业的研究，给出了细致、有建设性的报告。报告显示，用户对运输服务十分不满意，觉得快递不准时，正苦于没有好的服务。史密斯明白，如果有一个公司能从一个地区向另一个地区快速运送小包裹，一定能有很多用户，即使提高价格，能提供可靠的服务，他们也能接受。

还有一个信息是，当时的空运公司六成以上活跃在 20 多个大市场上，而有紧急运送要求的八成用户却在最大市场之外。所以那些地点偏远的工厂和研究机构发快递的需求得不到满足，他们要发快递必须要多等一段时间，这不能不说这是一个市场空白，这正为史密斯实现自己的想法提供了空间。

调查发现，美国国内的 10 家商业航空公司中，9 家公司的飞机在晚上 10 点到第二天上午 8 点不起飞，也就是晚上飞就不会航线拥挤。这个消息让史密斯十分开心，成立一个夜间飞行运送快递的公司的愿望在他心里越来越强烈了，他难掩内心的激动，迅速付诸行动。

当他真正去筹划这件事情的时候才发现，这个想法之前别人一定也有过，之所以没有真正去行动，是因为要运作一个这样的公司所需资金实在是太多了。想找到投资也不是一件容易的事，风险投资家们不敢轻易投资这个项目。能最快拿到的还是自己家里的资金，史密斯将父亲价值 2200 万美元的饭馆出售，用其中的一部分来投资快递公司，同时，他将自己 800 多万美元的积蓄也投了进去。他这种下血本的投入让风险投资家对他的项目稍微有了一些信心，他们分几次投入了 4000 万美元。

有风险投资给自己投资了，头脑灵活的史密斯将这个消息大范围地传播到金融界，希望投资者们能对他的项目更有信心，也投入一些资金。他的方法奏效了，几家银行也对他的项目产生了兴趣，又投入了几大笔资金。最后史密斯得到的投资总额达 9000 万美元，这成为美国商业史上单项投资最多的一次，甚至引发了后来投资行业的快速发展与繁荣，这要用后来史密斯经营企业的结果来证明。

因为史密斯起初开发的大客户为联邦储备系统，所以将公司命名为"联邦快递公司"（FEDEX），公司在小石城旧址成立，时间为 1971 年 6 月 1 日。公司在刚成立时订购了 33 架轻巧的飞机，是以约七五折的价格买下的。

精英气质让史密斯总能有好的创意，他懂得吸取前人的经验。联邦快递效仿联合包裹公司，对包裹的体积作了规定，这样就能够让工人在装卸的时候节省时间和力气，让事情做起来相对容易。公司收取包裹后，在机场进行分配，由不同飞机运往目的地，并送到收件人手中。从设备和地理位置等方面考虑，联邦快递的总部从小石城迁到了孟菲斯。

作为耶鲁大学毕业生，骷髅会的会员，史密斯始终有一种专业精神，他不断请咨询公司作专题研究报告，作为调整公司服务和运营的依据。于此同时，公司注重客户的开发，注重宣传作用。联邦快递公司曾经用纯利润的十分之一来做广告，他们对外宣传：公司的运输工具为时速 550 千米，在重工业发展的同时，电子、光学、医学的发展已突飞猛进，联邦快递能够提供可靠的运送服务，作好新技术行业的后勤工作。这些宣传很对客户的胃口，人们突然发现，有这么一个快递公司真的能帮上大忙，能在一夜间将他们急着传递出去的光盘、图纸、量少价昂的组件和零件等物品快速送到目的地，他们感到十分奇妙而满意。

联邦快递公司的快递有三种，当夜快递、隔一天到的降价传递、和"特别传递"。特别传递是指能装进马尼拉大页纸信封的所有东西，公司一律收 5 美元运送。公司有自己独特的形象识别系统，卡车和飞机涂成明显的橙色、紫色和白色油漆，在报纸上大篇幅刊登广告，电视上也有半分钟的广告，宣传语为"绝对地、确定地负责当夜"运送包裹，快速、可靠，并强调了区别于竞争对手的服务。这些做法不仅吸引了有需要的客户，也吸引了风投家的青睐。后来史密斯说，在宣传上投入资金等于购买了信用，他的这个想法是现实可行的，公司的数据给他作了很好的证明。

1971 年成立的联邦快递公司，经过两年多的筹划与准备，于 1973 年 4 月 17 日正式营业了。在这个商业天才的努力下，到 1976 年，联邦快递公司的营业额达到 1.09 亿美元，纯收入为 810 万美元，到 1980 年的时候，营业额已达 5.9 亿美元，赢利近 6000 万美元，公司股价也上涨了 24 美元。联邦快递公司的经营成了商界的一个奇迹，商学院将史密斯的创业过程与运作模式，作为现代企业家创业的典型案例进行研究与分析，为学生们提供启发与指引。

联邦快递至今已有 40 余年历史，它是第一家在 10 年内营业额超过
10 亿美元的公司。史密斯的独到眼光和灵活思维都成了这家公司发展
的有利因素，他的个性成为商界称道的品格，这也是联邦快递公司企业
特质形成的背景。

家庭熏陶与社团援手成就投资大亨

ESL 投资公司主席爱德华·兰伯特也是精英社团的会员，他因深厚
背景和优秀表现加入了骷髅会。他有着精英的素质，善于投资，对人脉
的运用也是他成功的重要原因。

来自美国中产阶级家庭的爱德华·兰伯特 14 岁就失去了父亲，他
因此受到了打击，也开始变得坚强、独立，为自己和家人的生机奋斗，
或许这也是他后来有所成就的重要原因。

在投资方面，爱德华·兰伯特小时候就表现出了过人的天赋，这一
点与弗雷德·史密斯十分相似，他的天分来自长辈的遗传和教育。爱德
华·兰伯特的祖母很善于投资，爱德华·兰伯特继承了祖母的基因，也
受到了她的深刻影响。祖母常常说报纸上的股票报价，也常谈自己投资
上的事情，10 岁左右的爱德华·兰伯特常听到祖母说的话，耳濡目染，
渐渐对投资有了兴趣。上九年级时，爱德华·兰伯特就开始看上市公司
的报表和金融书了。后来他甚至和祖母一起投资股票，小小年纪，他已
经有了一定的投资能力。

后来成绩优异的爱德华·兰伯特考入耶鲁大学，他认识了很多资深
人士，并进入了对自己有着很大影响和帮助的骷髅会，这些都是他后来
事业有成的基础。

爱德华·兰伯特多年后因为投资凯马特名震华尔街，这个惊人的投
资项目就曾经得到过骷髅会的支持。

2003 年，美国第三大零售企业凯马特因为经营有问题将要破产，爱德华·兰伯特凭借不到 10 亿美元的资金取得了这家公司的控制权，然后用 18 个月的时间对其进行改革。他将凯马特的 68 个店铺卖给了家得宝（Home Depot）和西尔斯公司（Sears，Roebuck and Co），得到 8.45 亿美元的资金，这和凯马特将破产时 8.79 亿美元的价值差不多。此后凯马特开始向好的方向发展，原来 15 美元的股价上升到 96 美元，公司市值上升到 86 亿美元。

爱德华·兰伯特在华尔街立即受到了追捧，大家都觉得他将是第二个巴菲特。《商业周刊》说，伯克希尔·哈撒韦是巴菲特的跳板，凯马特就是兰伯特的跳板。

家庭与个人能力让那些精英们成为骷髅会会员，骷髅会也成为他们撬动财富的支点，让他们获得财富的能力越来越强。

从每个人身上找到不同的机会

在纷繁复杂的商海中能够掌握较多的资源是成功的关键，那些成功者更是都深知资源共享的重大作用。ESL 投资主席爱德华·兰伯特以及黑石集团的创建者兼 CEO 斯蒂芬·施瓦茨曼等人就利用共享的资源取得了巨大成功。

爱德华·兰伯特以及黑石集团的创建者兼 CEO 斯蒂芬·施瓦茨曼等人在加入骷髅会的入会仪式上得到一张所有会员的联系方式，通过这个联系簿可以建立起一个巨大的人脉网。也正是通过这个练习方式，他们毕业后建立了广泛的人脉和社会影响力。

通过精英去结识精英

互相协助与团结是精英社团的宗旨，这对所有会员都有很大好处。组织中成员的交往形成力量强大的关系网，精英们有了实力强大的帮手，事业的发展自然更加顺风顺水。

《福布斯》富豪榜上排名 123 位、净资产达 25 亿美元的投资家爱德华·兰伯特当年成绩优异，也凭此成为荣誉学会会长，他也加入了骷髅会。在那里，他找到了在思想和事业上都能对自己有帮助的精英人物。他通过会员的帮助成功地成了诺贝尔经济学奖获得者詹姆士·托宾教授的研究助理，并通过这个关系搭建起各种有用的社会关系。

他通过骷髅会会员的帮助做到的第一件事就是亲自向偶像巴菲特请教投资理念。可以说，这种请教对他以后在华尔街上的成功投资作用还是十分巨大的，正是骷髅会会员推动了爱德华·兰伯特的成功。

兰伯特年轻时对巴菲特的投资案例十分热衷，曾经花几年时间作研究和分析。20 世纪 70 年代，巴菲特曾经投资过盖可保险公司（GEICO），兰伯特找出当年盖可保险公司的财务报表，将自己放在巴菲特当年的情境中，分析巴菲特为什么在盖可保险公司不景气的情况下购买它的股份，这是他最喜欢的学习巴菲特的方法。

与巴菲特面对面交流一直是爱德华·兰伯特的愿望，他终于在1989 年如愿以偿了，他们交流了一个半小时，他向巴菲特请教投资理念，得到了想得到的回应，他对很多问题有了豁然开朗的感觉。

由于深受巴菲特影响，爱德华·兰伯特作投资也不仅仅盯着正发展得好的行业，他常把目光放在有着简单的商业模式、看起来价值并不高却有着很大潜力的企业身上，在他看来这些企业未来会有较大的现金流，投资下去，未来会得到很好的回报。

爱德华·兰伯特从耶鲁毕业以后成功的来到高盛工作。他在那里积累了经验，也曾为公司作过贡献。1987 年夏天，他发现股市被高估，告诉了同事。他的上司听从了他的意见，将股票持仓率降低 30%，而在当年 10 月果然发生了股灾，部门因为兰伯特的建议避免了部分损失，这件事兰伯特曾经的上司一直深深记在心里，并对他十分欣赏与感谢。

25 岁时，爱德华·兰伯特已在高盛工作了四年，当年他辞职创业。投资家林内沃特帮他得到了 2800 万美元的种子基金，他成立了自己的公司 ELS 对冲基金。通过骷髅会的人脉，他争取了一批实力雄厚的客户，其中包括媒体大亨大卫·格芬、戴尔电脑创始人迈克·戴尔等。

从 1997 年开始，爱德华·兰伯特看中了汽车地带公司（Auto Zone）的股票，并不断收购。在 12 年后的 2009 年，他持有了汽车地带公司 2016 万股的股份，占他投资总额的 28%。

他和巴菲特的另一个相似之处是成本意识极强，严格控制成本，永远追求最大回报，相对于巴菲特，他甚至有过之而无不及。

他常向股东讲述这个观点：公司所有者有着长期而重大的财务利益，资金用于回购股票远比把有着负回报率的现金投到开支中得到的回报多，虽然向资本开支投资是人们通常的做法，但那是不可取的。

兰伯特还有和巴菲特一样的沉稳特性，他投的股票都要是有过深入了解的，在同一时间，他只会持有七八支股票，将风险降到最低。一旦投资实现，他就会和公司高层深入交流，随时了解股票动向。

凯马特董事会的成员之一 ESL 投资公司的总裁，负责公司的财务，凯马特前任 CEO 记得，每天询问公司的运营情况是克洛雷每天必做的事情。每个星期，爱德华·兰伯特还会和克洛雷深入讨论两三次公司的策略，也就是每两天一次。汽车公司的主席兼 CEO 也要每月与爱德华·兰伯特作深入的沟通，基本上每 10 天一次。这些都保证了爱德华·兰伯特决策的效果，最大程度低降低了风险，提高了收益。

个人能力和优势平台的有效结合

那些加入顶级社团的人，本来就有很强的能力，多数人来自实力雄厚的家族，他们将个人能力和社团帮助结合了起来，事业更容易扶摇直上。

黑石集团的创建者兼CEO斯蒂芬·施瓦茨曼曾在《福布斯》富豪榜上排名第50位，黑石集团也曾是全美薪酬最高的公司。与其他骷髅会成员不同的是，斯蒂芬·施瓦茨曼的家世并不显赫，他能够进入骷髅会主要是因为突出的个人能力。他能够与未来掌握美国甚至世界命运的人建立密切的关系，为其日后成就自己的事业铺就了更为平坦的道路。斯蒂芬·施瓦茨曼和美国前总统小布什是同一年进入耶鲁大学的，他们住在同一座宿舍楼里，而且都是骷髅会会员。四年后，施瓦茨曼与小布什又都去了哈佛商学院继续学业，老校友成为新校友。施瓦茨曼有一张和小布什的合影，他十分珍惜，后来摆在了家里最显眼的位置上。

施瓦茨曼生于1947年2月14日，这个在情人节出生的孩子的父亲是一个窗帘布商人，他的家庭是一个普通的中产阶级家庭，位于美国宾夕法尼亚州。1965年，一向成绩优异的施瓦茨曼接到了来自耶鲁大学的通知书。进入耶鲁大学是施瓦茨曼辉煌人生的开始，而这主要因为其年少时的奋斗，进入耶鲁后，他接触了更多精英，从此个人的学识、能力都得到了空前的提高。

1969年，施瓦茨曼从耶鲁大学本科毕业，到哈佛大学商学院攻读MBA，毕业后在骷髅会会员的推荐下，进入一家投资银行，有了令很多人羡慕的工作。后来，又有人将他推荐到投资银行雷曼兄弟工作，那是华尔街极为著名的公司。能力超群的施瓦茨曼31岁时就成了公司合伙人，他深受雷曼兄弟公司主席彼得森的欣赏。

1983 年，彼得森被迫提前退休。1985 年，担任雷曼兄弟公司并购委员会主席的施瓦茨曼决定辞职，他卖掉股份，离开了雷曼兄弟，同年与彼得森一起创立了黑石集团。当时他们的财富就是 40 万美元资产和两名助理。

彼得森有着丰富的人脉，他与索尼总裁盛田昭夫有很深的交情，因此拿下了索尼的收购代理权，这笔生意让他们挖到了黑石的第一桶金。他们曾代表索尼收购哥伦比亚唱片公司，出价为 20 亿美元，这一次没有赚到太多钱。后来他们创立了私募基金，做三项业务，分别为：市场调查；公司并购，也就是现在的 PE；还有一个是投资银行。作为华尔街的新公司，知道他们的人并不多，所以在募集资金时受过很多挫折，常常被拒绝。

施瓦茨曼创业后，骷髅会会员依然向他伸出援手，因此黑石签下了 5 万美元的生意合同。施瓦茨曼的骷髅会会友使黑石从最困难的阶段走了出来，也有了能使公司运转的资金。后来黑石集团的业务主要集中在并购上，因为不是人们常见的大公司，黑石这个只有 75 人的小公司常常被人质疑，愿意投资的基金连 1% 都不到。

美国保险和证券巨头保德信公司在一些精英的推荐下接受了黑石的项目，当然这其中也有施瓦茨曼的真诚和远大志向的作用。黑石得到了 1 亿美元的投资，而这笔钱除了马上可以用，还带来了长远的积极影响。通用电气总裁杰克·韦尔奇因此也看到了黑石的潜力，从而加入到投资黑石的行列中。

黑石的第一支基金为 8.5 亿美元，当时包括大都会人寿、通用电气、日本日兴证券和其他一些大企业在内的 32 个投资企业都加入了投资，这个基金的回报率让客户十分满意。当时股票市场的回报只有 3%~4%，黑石这个基金的回报超过了 30%，这种回报在投资人眼里简直就像"印钞机"。这样的回报数字让很多投资者趋之若鹜，黑石募集资金变成了十分轻松的事情。

施瓦茨曼深知自己的成功是个人能力和优势平台结合的结果，他也十分乐于融入这种交流，将其视为人生的乐趣。人们常看到印在书上的他在纽约上流社会活动中的笑容，有时他和英国皇室成员一起参加读书沙龙，有时他同妻子与南斯拉夫公主一起参加慈善大会，大小活动上都能见到他的身影，他甚至还会参加图书馆的舞会。

骷髅会里的会员见证了施瓦茨曼在会友帮助下的发展过程，他们很自然地贡献资源和寻找资源，他们很喜欢这种互相帮助，同为贵人，因为那有百利而无一害。

在人脉中寻找最优秀的竞争对手

竞争精神是取得成功必不可少的条件。竞争是一个人保持活力的重要因素，是在事业上战无不胜的前提。所以，寻找优秀的竞争对手也是运用人脉的一种方式。被誉为"华尔街王中王"的斯蒂芬·施瓦茨曼和弗雷德·史密斯等都是极具竞争精神的人，这在他们成长的过程中以及后来的事业生涯中都有所体现。

"赢"是他最热衷的状态

美日《环球生活》杂志记者在采访施瓦茨曼时，施瓦茨曼毫无保留地说出了竞争的重要性。他说没有人喜欢和好斗的人来往，但在金融界，想成功必须要有超强的战斗力，要有竞争的激情，否则就等于放弃了未来。别人随时会超越自己，被超越是不会有战果的。其实，施瓦茨曼早就在心里种下了好斗的种子。

施瓦茨曼一直都公开地表示自己是喜欢战斗的。他在社团中学到了竞争精神，在那种精英的集会中如果没有优势是无法站住脚的，而优势是通过竞争体现出来的。所以竞争精神伴随着施瓦茨曼的成长，他也顺理成章地将其运用到自己的生意中，所以商场中的他十分善战。

在施瓦茨曼的头脑中，战斗是必要的，然而战斗并非冲突，他要击败竞争对手，获得胜利。"赢"是他的方向，这是他最为热爱的词，更是他最为热衷的状态。

2008 年，金融危机席卷全球，华尔街的人们都如履薄冰，不知道哪天噩运就会降临到自己头上。投资银行很多都关门、缩减业务，全球的私募产业全部走下坡路，这种现象是空前的。而施瓦茨曼却没有和别人一样向后退，他从危险中看到了商机，他说金融危机能带来无数黄金。他说到做到，金融危机爆发后，黑石集团第四季度的利润猛增至2.56 亿美元，总收益增长 45%。施瓦茨曼也成为美国薪酬最高的 CEO，被誉为"华尔街王中王"。

2009 年，施瓦茨曼曾多次接受采访，他表示，在竞争精神的指引下，他把每次生意都看成一场战斗，正因为有这样的精神，黑石才会在金融危机来临时安然无恙。危机来临时，施瓦茨曼让市场得到了这样的信息：危机爆发后，黑石用想支付的价格得到想要的。他打算战斗到底，速战速决，他打算消灭竞争对手，而且他只有有把握赢对方时才会宣战，并决不让步。

施瓦茨曼的好斗是有原则的，他说过不会为了战胜对手而收购一些公司，他不欣赏伤害和惩罚对方的行为，他并不赞成横行霸道，因为竞争是有道德、有修养的。有一次，一家公司的高管建议施瓦茨曼邀请竞争对手 KKR 老板亨利·克拉维斯出席他 60 岁的生日宴会，意思是以此向其示威，然而施瓦茨曼并不喜欢这种做法，他以克拉维斯从未邀请他到家中做客为由婉拒了这位高管的建议。他更喜欢在战场上厮杀，而不喜欢用其他手段展示攻击性。

金融危机到来时，全球私募股权投资公司都受到了巨大的冲击，业界都在观望，看投行是否能稳住局面，是否还有实力和信心去投资。施瓦茨曼表现出了极大的信心，他对外宣称，"金融危机不会使行业走向最黑暗的时期，萧条已经经历过无数次，资本的危机还没到最可怕的时候，危机是可以解除的。金融危机时期非但不是私募股权投资（PE）的冬天，反而会让黑石这种手握现金的公司很快迎来发展机遇，因为金融泡沫破碎后，低价的金融资产会大量涌现"。

他还进一步说明，经济萧条出现后，在私有市场，价格会发生很大的变化，私募股权投资会有很多机会，把握好机会就能得到很大的收益，因为私有并购最理想的状态就是低价收购公司，当价格低到一定程度时，即使回报没有平常多，只要不负债，收益也会十分可观。正因为有这样独到的理念，黑石成了金融危机中的活跃分子，从中获取了人们意向不到的财富。

富有战斗精神的施瓦茨曼，让黑石集团的业务领域得到很大扩展，已经包括私募基金、商业银行、房地产、特种基金和企业债务管理等，所控制的资金也达 1250 亿美元。黑石集团旗下有 47 家公司，企业所在行业十分丰富，连制造业、服装业也包括在其范围内。

施瓦茨曼说，"投资取决于投资人的眼光，黑石集团能帮助客户发现资产的真正价值，尽快使其变成现金"。这就是好战的"华尔街新一代的领军人物"的主要思想。

做出优势，领跑行业

在竞争方面，弗雷德·史密斯也不甘落后，他和黑石集团的施瓦茨曼一样把竞争当做一种习惯，这也成为其成就事业的重要特质。

弗雷德·史密斯让成立至今不过 30 多年的联邦快递公司的营业额迅速增长，这个公司曾在刚建立起来的前十年营业额就达到了 10 亿美元以上，成为第一个用 10 年时间突破 10 亿美元营业额的公司。如果没有史密斯的个性和竞争意识，联邦快递就不会有这样神速的发展，史密斯的个人特性也逐渐成为企业的文化，这种文化也给企业发展带来了奇迹。

在企业发展的重要时刻，史密斯的做法超越了竞争对手，提供了别人不能提供的服务，同时做了大量的广告宣传，还是这些奠定了联邦快递在运输业的地位。

1975 年，美国政府取消了对航空运输业的限制，善于在竞争中获胜的史密斯看到了公司美好的前景。他知道货运数量会逐渐增多，而运输工具则是缺乏的。此时史密斯抓紧购买了飞机，相对于其他公司拥有了优势。可以为联邦快递算一笔账，1976 年，联邦快递公司获纯利 350 万美元；1977 年年度经营收入突破 1 亿美元，获纯利 820 万美元。这些收益是没有实力大量购买飞机的，然而史密斯想到了别的办法。

让联邦快递的股票上市是当时史密斯的选择，用这种方式融资就可以得到需要的资金，用来购买波音 727 型飞机。联邦快递公司在纽约证券交易所挂牌上市是在 1978 年 4 月，第一批股票开始出售。当时，联邦快递公司已有员工 6700 名，每天晚上会运送 6.5 万个包裹，到达 89 个城市。1979 年时，联邦快递公司年度营业额达到 2.595 亿美元，纯利达 2140 万美元。

弗雷德·史密斯有了大量飞机，比竞争对手多了竞争优势，从而使联邦快递公司进入了高速发展时期。

联邦快递公司用数字向人们证实了自己的发展速度，到 20 世纪 80 年代末，一年的营业额达到 35 亿美元，纯利润达 1.76 亿美元。联邦快递的客户遍布全球 90 多个国家，各个服务项目都是全球航运企业中最好的，业绩都居全世界首位。所以从 20 世纪 80 年代末开始，联邦快递公司就已经成了隔夜快递行业的龙头企业。

如此迅猛的发展让华尔街股市上的投资者对联邦快递公司充满信心，他们都抢着买它的股票，仅仅 4 个月，联邦快递公司的股票交易价就从每股 24 美元涨到 47 美元，上涨率几乎达到了 100%。

1989 年的联邦快递公司现金并不是十分充裕，但史密斯觉得当时的时机最好，所以用 8.8 亿美元收购了竞争对手飞虎国际公司。这次收购在美国引起了强烈反响，企业界和社会纷纷关注、评论，这次收购是用负债 14 亿美元的代价实现的。幸运的是，史密斯在拉斯维加斯赌场用几美元赢了 2.7 万美元，有了给员工支付工资的钱。不能不说这是非常冒险的选择，虽然当时很多人为他担忧，但后来的事实证明了他的选择的正确性。因为收购飞虎，联邦快递打通了 21 个亚洲国家的航线，在亚洲的业务迅速打开，联邦快递也如史密斯所期望的那样成了全世界最杰出的快递公司。

联邦快递公司以其快速的运送、周到的服务赢得了无数客户的认同，在 1990 年，该公司获得"马尔科姆·鲍得里奇奖"，它是第一个得到这个著名大奖的服务企业。在美国，联邦快递公司是用风险资本创办起来的公司中最大的，这成为美国企业史上的一个创业奇迹。如果当年联邦快递公司没有成功，人们不会知道风险资本也可以成就如此杰出的企业，也不会知道投资这样的企业可以得到那样丰厚的回报。

富有竞争意识的弗雷德·史密斯用一个个冒险的举动为企业的发展创造了机会，速递行业在他的引领下发生了一次次的革命，整个行业也因此快速发展起来。联邦快递的发展不仅仅是一个企业的发展，也是行业和社会的发展，全球化在这种速递公司的推动下也加快了进程，地球越来越像一个村子了。

积极去挑战与竞争，可能会大获全胜，也可能输得很惨，史密斯经历了几番起落。联邦快递的前三年都在投入，用来培养市场、引导消费。1000％的需求增长率让史密斯看到了光明的未来，所以在对手们不敢尝试投入砥砺大量资金做隔夜快递的时候他却放手去做了，他撑过了收支平衡的点，得到了期望的回报。竞争意识就像冷水，能浇醒困惑的人，让人保持清醒，也能让人保持战斗的热情。所以，好斗是一种优良的素质，而不应被指责。

互相砥砺，对财富保持激情

一个人要成功，一定要对成功有强烈的渴望。取得成功的意义犹如求生，他们大多热衷于创业，经历失败而不气馁。

精英社团的宗旨就是控制权力、打造"世界新秩序"。这一宗旨使成员们控制了美国现代社会的政商机构，权力和财富因此紧密地结合了起来。实际上，正是那些有着贵族血统的阶层制订了美国国家政策和社会游戏规则，他们以权力和财富为终极目标却不妨碍美国成为民主国家的典范。

他们表现出的最明显的特点就是对权力和财富的追求。报业大亨亨利·卢斯和黑石集团的斯蒂芬·施瓦茨曼都是骷髅会会员。亨利·卢斯通过《财富》杂志让人们对财富的认识发生了转变，斯蒂芬·施瓦茨曼则追求到了想要的财富。因而，每个渴望成功的人都应该对财富像对恋爱一样充满激情。

报业大亨，钟爱财富

亨利·卢斯是骷髅会1920届的会员，他是《时代＆生活》出版帝国的创建者，他开创了周刊这种媒体的形式。周刊因内容的丰富性和时间上的优势大受欢迎，这使亨利·卢斯取得了成功。

对钱十分热衷的亨利·卢斯表示过真正吸引他的不是金钱本身，而是金钱能带来的权力，他拥有财富是为了得到权力和来自他人的尊重。他很不喜欢唯利是图的人，更不欣赏无目的地去追求金钱的人，他不认为金钱能买来的快乐是真正的快乐。

1930 年，亨利·卢斯创办了《财富》杂志，他曾经想将杂志命名为《力量》，从这个备选名字中可以看到他对美国将会成为世界领导者的信心以及他对此怀有的强烈愿望。

不为我们所熟知的是，亨利·卢斯于 1898 年生于中国的山东，他的父母是传教士，后来他随父母回到美国。

1923 年卢斯开始创业，他的合作伙伴是他耶鲁大学的同学哈顿。他们想做一个出版物，为忙碌的人提供实用而简单的信息，那在当时正是人们所需要的。他们来到纽约，租了一个很旧的公寓，开始为出版物的诞生作准备。他们要让刊物尽可能地节省读者的时间，因此最终选择了"TIME"这个名字。这个名字的灵感源于一个广告标题，那个标题是：Time for retire，or Time to change（应时而变，方能久远）。卢斯被这个广告震撼了，Time 这个单词深深地印在他的脑海中，他觉得这就是他要找的杂志的名字，当哈顿听到这个想法时，表示十分支持，因此 Time 诞生了。

这个杂志翻译成中文时被翻译为"时代"，其实并不准确，杂志开始时的宗旨是节省时间，所以翻译为"时间"比"时代"更准确。

在美国这种讲究效率、节奏很快的国家，《时代》节省时间这一做法完全符合人们的心理，刊物内容简洁而实际，可以节省读者的大量时间。经过一年的准备，1923 年 3 月 3 日，《时代》创刊号与读者见面了。

《时代》"封面人物"现在依然是人们关注的焦点，这是《时代》问世时就已开始的传统，这种创意和设计始终让人们十分喜爱。

1930 年 2 月，亨利·卢斯又创办了《财富》杂志，一问世就开始零售。这是正值美国经济大萧条的时候，股票暴跌，失业率不断上升，人们嘲笑这本杂志十分不幸，竟然在财富崩溃时讲财富，而卢斯自信地认为，一个新的十年即将到来，《财富》注定能发挥作用，为人们所接受。

《财富》杂志是应时代而生的，大量的经济活动需要有相应的刊物去再现与评论，于是便有了它。《财富》杂志坚持以商业为文化，紧随时代的步伐，真实地描述科学、技术以及全球的信用与环境的发展，它有着新颖的观点，做到了为工商企业界服务。

《财富》杂志有珍贵的插图、极具创意的设计、独到的商业文章，总之，它精美、权威、引人入胜、讨论商业道德时富有技巧。

20 世纪 30 年代，《财富》杂志为企业家们提供了工商业发展动向、商情分析、经济商机等信息，对工商业的热门事件进行报道，也揭露了一些大企业的道德问题，得到了很多读者的信赖。正如卢斯所判断的那样，经济萧条并没有影响《财富》杂志的出版，它迅速地发展了起来。

1938 年，因时代公司搬到了纽约，作为其主要杂志的《财富》杂志也开始在纽约出版。令人吃惊的是，《财富》杂志的编辑们都是诗歌和散文的高手，在聘请写作人员时，卢斯不要求他们会写商业报道，而是要求他们会写诗歌和散文，作家海明威曾是《财富》杂志的早期撰稿人。

《财富》杂志的经济新闻都写成了故事，有着很强的人情味，所以素有"英文世界写作最优雅的杂志"之美称，这也是《财富》杂志成功的原因，而他的撰稿人和编辑们在离开杂志后很多都成了美国著名的作家。

《财富》杂志对工商企业界的报道影响力越来越大，它的报道口气逐渐变成很像企业的领袖，企业家们以被《财富》杂志褒扬而荣。到1937 年，《财富》的发行量已超过 46 万份，成为华尔街的必读刊物，《财富》成为世界经济报道期刊中当之无愧的市场领导者。20 世纪 40 年代时，《财富》杂志成为美国企业界的一种美好形象的象征，人们乐于被人看见自己经常阅读这本杂志。

后来，在骷髅会会员的帮助下，卢斯采取行动控制了整个美国传媒业。和如今的全球传媒大王默多克相比，卢斯当年的影响力还要更大一些。骷髅会中有成员开设律师行，为《纽约时报》作法律代表，同时，骷髅会也计划为《时代》杂志和《一周新闻》杂志作法律代表。以这种形式，骷髅会控制了很多出版社。而在 1880 年的时候，骷髅会就成立了美国历史协会、美国心理协会和美国经济协会，从而根据他们的意愿书写历史，将骷髅会成员安排在各个协会担任主席，这些人都为卢斯创办杂志提供了很多便利的条件。也就是说，卢斯的事业在很大程度上受益于骷髅会。

施瓦茨曼："我只爱做大生意！"

斯蒂芬·施瓦茨曼喜欢盛大的舞会，也喜欢巨额的交易，总之他喜欢大手笔。

他说过，生意就是金钱游戏，大生意就是大人物玩的大的金钱游戏，他对大生意情有独钟。

2008 年薪酬突破 1 亿美元的美国 CEO 有七位，斯蒂芬·施瓦茨曼是最高的，排在第二位的甲骨文公司 CEO 埃里森，薪酬比他低了 1.45 亿美元。施瓦茨曼的收入主要来自股权，2007 年他有 230 万美元的工资，6.998 亿美元的收入则是股权收益。施瓦茨曼不仅自己收获大量财富，也让黑石的收入急剧增长。

施瓦茨曼把握了最好的时机，让黑石在 2007 年上市，收入实现了数万倍的增长，财富已经达到 1985 年创立时的 2.84 万倍。

施瓦茨曼很懂得享受生活，他在曼哈顿的公寓十分豪华，这给了他家的感觉。传奇之处是，这所公寓曾经住过银行家小约翰·D. 洛克菲勒和 20 世纪 80 年代的资本收购大师索尔·斯泰贝格。

施瓦茨曼的公寓也是名流交际场，经常开通宵 Party，常出没那里的人包括音乐厂牌的创厂元老阿里尤特、肯尼迪总统的女儿卡罗琳·肯尼迪、纽约市长布隆伯格，也有一些在上东区不常出现在人们视线里的名人。施瓦茨曼在纽约的名声不仅仅是财富筑起来的，还有宴会、艺术，以及时常出现在他身边的名流。

美国媒体曾估计，施瓦茨曼拥有近百亿美元的财富，他的私密豪宅遍布曼哈顿、南安普顿、棕榈滩和法国南部，他还有一架公司配发的喷气式飞机和一架 Sikorsky S－76 直升机。他多才多艺，艺术与财富对他同样重要，他的名字时常出现在许多包括纽约市公立图书馆和纽约市芭蕾舞团在内的慈善机构的委员会名单里。

用好人脉背后的力量

美国有很多名门望族，如布什家族、洛克菲勒家族、庞蒂家族、哈里曼家族、洛德家族、菲尔浦斯家族、塔夫脱家族、古德伊尔家族、佩恩家族和惠特尼家族等，这些家族都在特定时期控制着美国的政商两界，他们也无疑是精英社团愿意吸纳的资源。

这些实力雄厚的家族让精英社团也更加神秘和富有能量，甚至成了权力和荣耀的摇篮。研究精英社团的一个历史观察家认为："在美国，任何时候，任何领域，精英社团都能号召成员去做他们认为该做的事情。"这些家族和精英社团互相提携，增加了所需的资源，有了更好的发展前景。来自洛克菲勒家族的劳伦斯·洛克菲勒是精英社团的会员，他曾充分利用社团的资源成就自己的家族。

劳伦斯·洛克菲勒继承祖父创富基因

"洛克菲勒"这四个字是金钱和权力的象征，洛克菲勒家族作为美国历史上最悠久的富豪家族之一，对美国的政治、经济都影响巨大。这个家族曾与骷髅会关系密切，家族很多成员都是骷髅会会员，他们曾当过副总统、参议员、企业的董事长，他们能获得别人根本不可能得到的信息，已经富过了六代。

洛克菲勒家族的产业目前仍然影响着美国人的生活。约翰·D. 洛克菲勒创建的石油帝国及其继承公司——埃克森（Exxon）、美孚（Mobil）、雪佛龙（Chevron），连同起家于德州的德士古（Texaco）、海湾（Gulf），英国石油公司（BP）和英荷皇家壳牌石油公司（RoyalDutch/Shell）并称"石油7姐妹"，成为世界上最大的七家跨国石油公司。1999年埃克森同美孚合并，2001年雪佛龙同德士古合并，此前海湾在1980、1990年代将其资产售予了雪佛龙和英国石油公司。今天，埃克森—美孚、雪佛龙、英国石油、壳牌和法国的道达尔成为世界最大的5个石油公司。

还是约翰·D. 洛克菲勒建立的美孚石油帝国，为这一切打下的基础。1859年美国宾夕法尼亚州的第一口油井——德雷克油井获得了商业性成功，现代石油工业开始发展，而当时石油主要是提炼出来用来做照明用的煤油。1870年，约翰·D. 洛克菲勒创办了美孚石油公司（StandardOilCo）。很快他就击败竞争对手并吞并了很多同行，建起了一

个石油帝国。38 岁时，约翰·D. 洛克菲勒已经控制了美国炼油业 90%
的企业，并开始用价格控制的手段继续扩大市场。在洛克菲勒时期，汽
油价格从每加仑 88 美分下降到 5 美分。

1911 年 5 月 15 日，美国最高法院依据 1890 年的《谢尔曼反托拉斯
法》对美孚石油公司作出了如下判决：美孚石油公司是一个垄断机构，
应予拆散。因此，美孚石油公司被分成 37 家地区性石油公司，一般情
况下这意味着一个大帝国被解散了，将会造成巨大损失，然而结果并不
是那样。投资者们依然喜欢"婴儿美孚"的股票，各个小公司的股票
市值都提高了，加起来的股票市值远远超过美孚公司原来的市值，洛克
菲勒家族的财富不但没有减少，反而增加了。

1910 年时，约翰·D. 洛克菲勒已经有 10 亿美元的资产，成为有史
以来世界上出现的第一个亿万富豪。和喜欢游艇、庄园的富豪们不同，
他更喜欢将财富投资于能升值的产业，他选择了煤矿、铁路、保险公
司、银行和各种类型的生产企业，其中回报率最高的无疑是铁矿产业。

赚钱似乎是洛克菲勒家族成员的特长，他们在这方面确实受到了上
帝的眷顾。约翰·D. 洛克菲勒的第三个孙子劳伦斯·洛克菲勒，也有
着祖父身上的赚钱天赋，他拥有 15 亿美元的资产，在《福布斯》全球
587 位亿万富翁中排名第 377。1937 年，劳伦斯继承了祖父买下的纽约
证券交易所，开始了风险投资的创业历程。

劳伦斯·洛克菲勒从骷髅会得到过一些重要的信息，因此投资也做
得得心应手。一次他预先知道了曲木家具会成为热点，就开始投资那些
新成立的曲木家具企业，以期未来获得收益。

劳伦斯·洛克菲勒找到芬兰设计师阿尔瓦阿尔托，让他设计自己所
需要的曲木家具，设计师十分认同他所提供的照片上的家具，认为那是
现代家居的理想选择，于是劳伦斯·洛克菲勒订购了一批，并在纽约开
了一家曲木家具专卖店。出乎别人的意料，曲木家具大受欢迎，要不是

1940 年芬兰冬季战争使货源中断，家具店的生意还会继续火爆下去。后来他认识了一个叫埃迪·瑞肯贝克的飞行员，瑞肯贝克与他做了深入的沟通，让他知道商业空运即将兴起。于是，1938 年由劳伦斯·洛克菲勒投资成立了东方航空公司，由瑞肯贝克经营。这家航空公司业绩突飞猛进，十年后成为二战后盈利最多的航空公司。1939 年他又投资了麦道航空公司，这家公司成为了军用航空器的主要供货商。

第二次世界大战期间，劳伦斯·洛克菲勒进入海军服役，军阶至少校，在此期间他冻结了生意。战后他回到商场，继续寻找投资机会。1959 年《华尔街日报》的一篇文章肯定了劳伦斯在"风险资本"这一新领域的成就，他被称为"风险投资之父"，牢牢确立了在投资界的地位。他组织成立了专做风险投资的凡洛克风险投资公司，到 1996 年，他们共投资了 221 家处于起步阶段的公司。

劳伦斯·洛克菲勒喜欢接受新鲜事物和新观念，他头脑灵活，富有创新精神，善于随各种新兴产业的发展及时调整投资方向。他把高科技和新兴产业作为自己的目标，投资了苹果电脑和全美最大的芯片公司英特尔集团。

大卫·洛克菲勒最擅长结交顶级精英

1915 年 6 月 12 日，劳伦斯·洛克菲勒的弟弟大卫·洛克菲勒出生。这个出生在两个世纪以来在全世界最有影响力家族的孩子，后来成了洛克菲勒家族经济帝国的第三代掌门人。

作为实力雄厚的富豪家族成员，大卫·洛克菲勒得到了得天独厚的资源。他接触全世界最有影响力的经济学家，与最有权势的家族交往，结识影响整个欧美政局的政治家，与每一届美国总统接触，参与很多改变世界格局的访问。冷战时，他曾访问前苏联，与两任苏联领导人赫鲁晓夫和戈尔巴乔夫有过正面交锋；中美建交后，他是第一批访问中国的投资者，在改革开放之初与中国接触密切，并率先在中国开展商务活动。

他是哈耶克和熊彼特的学生，与著名经济学家萨缪尔森是同学。受他们影响，他对经济学、企业经营和政府的影响都有很深的思考，他的思想也影响了美国的经济趋势和美国政策的制定。他曾经给企业家以新的定义，认为"企业家身份本身代表着一种机会，用于满足人的发明创新、追求权利和赌博的本性……事实上，对成就过程的追求，其本身对于许多人来说就是一个目标，而在那些人眼里，利润只是一种值得付出努力的副产品"。这个定义准确地揭示了他不断追求财富的原因。

在哈佛大学的学业即将结束时，大卫并没有想好未来要做什么，他把眼光放在了国际领域，而不想进入"家庭办公室"，因为已经有三个哥哥在那里工作了。他很想去进修商务或经济类研究生课程，去听取自己崇拜的、有成就的人的意见。他十分敬仰加拿大经济学者威廉·莱昂·麦肯齐·金，而因为这位学者与大卫的父亲在处理拉德洛惨案后事之后成为密友。金后来担任了加拿大自由党的领导职务，1935 年当上了加拿大总理。在纽约的时候，金经常和大卫的父母在一起，因此大卫与其接触较多。他们热情、友善而随意地交谈，甚至成为了忘年交。

大卫·洛克菲勒十分佩服金的观点，在其影响下决定在哈佛大学多上一年研究生课程，取得与奥地利经济学家熊彼特学习经济学的机会。完成这一年的学业后，他计划进入伦敦经济学院，再去芝加哥大学学习，最大程度地扩展知识面。通过在这三个大学学习，大卫接触了全世界最权威的经济学家。

大卫回到纽约时，第二次世界大战爆发了，那年秋天，他的主要任务是完成博士毕业论文，他没有住在公园大道的家里，而是住在波坎蒂克，在那里找到了一份安静。他的博士论文《闲置资源与经济浪费》，论述了一个涉及范围很广的话题：要解决经济大萧条时期表现出的超常失业和工业产能闲置的问题，主要应该依靠市场因素与政府干预的结合。这种观点与当时的理论研究者的观点是对立的。

大卫做到了学以致用，他曾给纽约市长当"学徒"，当然这也得益于洛克菲勒家族的强大人脉资源。经过一年半的学习，30 岁的大卫进入洛克菲勒家族的大通银行，但在人们眼里他还是个刚出校门不久的毛头小子，并不是真正的银行家。

他当时的职位很低，是对外部的经济助理，是银行内最低级别的管理者，年薪 3500 美元。他的办公室在十八松树街的 10 层，在摆有二三十张木桌的通用办公区有一张他的办公桌，每个办公桌都有两把多出来的椅子，给客户和秘书部的秘书用。他就在那里度过了在大通银行的前几年。

后来大卫被调往拉丁美洲处，他的哥哥纳尔逊活跃于那里。大卫后来在古巴、波多黎各和巴拿马开设分行，还创办了一份很有影响的金融季刊——《拉美要闻》。

因为经历了将曼哈顿银行并入大通银行的失败，大卫有了一个新想法：既然曼哈顿银行不能并入大通银行，那就把大通银行并入曼哈顿银行，这样就不用得到全体股东的同意。他的想法得到了认同，之后马上得以实施。

1955 年，小虾吃大鱼成功，资产 16 亿美元的曼哈顿银行吸收了资产 60 亿美元的大通银行，全美最大的银行大通曼哈顿银行成立了。大股东曼哈顿家族掌控了这家银行，大卫担任副总经理，主管银行的发展部。这个职位不是很高，却十分适合大卫，他和那些下属对大通银行的业务设置和组织机构中不合理的部分作了研究，随后做出了整顿和改革计划。

大卫不仅掌管银行业务，也打理了一处家族遗产。他对慈善事业和艺术事业也有浓厚的兴趣，并在这两方面投入了相当多的精力。

在纽约的洛克菲勒中心、世贸中心、现代艺术博物馆，都是与洛克菲勒家族关联性很高的标志物。那些充满美感的建筑都与洛克菲勒家族一代代的主人们有着千丝万缕的联系。

从约翰·D. 洛克菲勒成为美国历史上的第一个 10 亿富翁至今已有 100 多年，这个家族的人依然在接触新领域，创造新财富，而不仅仅是守住财富。洛克菲勒家族成员积极参与文化、卫生与慈善事业，给大学和医院投资。洛克菲勒家族在过去 150 年的发展史甚至可以说就是美国历史的缩影，美国这个国家一直在这个家族的影响之下，这个家族也是美国国家精神的典型代表，影响着世界各国人民的内心。

你在做什么， 没必要让所有人知道

善于利用人脉的超级富豪都坚守着保密的原则，这成为他们事业成功的有利条件。美国记者亚历山德拉·罗宾斯曾冒着生命危险对骷髅会进行报道，写成了《墓穴的秘密》一书。有人在接受采访时这样描述骷髅会："骷髅会组织非常紧密，规模也不大。每年只有 15 人入会，这也就意味着在任何时间活着的骷髅会成员只有 800 人左右。尽管人数不多，但这些人却掌握着非常大的权力。很多骷髅会成员位居美国经济与政治权力金字塔的塔尖上。"

美国耶鲁大学校园高街（High Street）上一幢希腊神庙式的小楼里隐藏着骷髅会的总部，会员们称那里为"墓穴"。"墓穴"是完全封闭的，会员们定期在那里组织活动。从 1832 年骷髅会成立以来，很少有会员在公开场所谈论骷髅会。骷髅会有个规则，如果有人提到骷髅会，会员应该立刻离开那里，不给泄密以一点机会。保守秘密是会员们的习惯，他们也深知这是保障他们友好合作的基础。投资家爱德华·兰伯特和艾伦·夸什在保守秘密方面都有自己的感受，他们也得到过很多来自骷髅会的资源。

严守保密规则，成对冲基金大亨

爱德华·兰伯特认为，保密是投资者应该坚守的原则之一，因为一旦信息传播出去，机会就变成别人的了。

和沃伦·巴菲特一样，爱德华·兰伯特会挑选有长远价值的公司投资，他在投资前估计到公司的价值会增长，所以一定要保守秘密，防止别人抢先一步。

爱德华·兰伯特的基金公司 ESL Investments 只聘请了 20 个人做收购，就是为了保密，与其规模相当的对冲基金负责收购的员工达几百人，数字差距极为悬殊。

在投资的过程中，爱德华·兰伯特也会掩盖自己投资的真实意图。1997 年和 2000 年，他分别投资了 Auto Zone 和 Auto Nation 两大公司，ESL Investments 在这两家公司拥有约 29% 的股份，在西尔斯控股公司的投资也和这个数字差不多。

在投资 Auto Zone 之前，爱德华·兰伯特参观了这个汽车零部件零售商的几十家店铺，并派一名 ESL 分析师假装挑剔的顾客造访它的几百家店铺，历时达六个月。兰伯特曾笑言这有些过分，不过这能保证别人不会知道他投资的真正原因。

爱德华·兰伯特的合伙人们都知道他保守秘密的习惯。ESL 的有限合伙人汤姆·蒂施说爱德华·兰伯特不做对冲基金公司的人都会做的事。ESL 的投资者也在爱德华·兰伯特的要求下善于保守秘密。

ESL 在一些公司的持股比例过高时，必须要对外披露信息，在这种情况下，他依然不会说出投资组合的细节，即使是对投资合伙人也一样。兰伯特曾经因为这一原则与合伙人发生冲突。媒体大亨大卫·格芬有一次问兰伯特钱到底投到哪里去了，兰伯特拒绝告诉他，说："规则始终是规则，在每个人面前都一样，没有例外。"后来大卫·格芬说兰波特非常严格，这使他十分敬重兰伯特，虽然他并不喜欢兰伯特来时这个特点。

爱德华·兰伯特通过重组管理层、对董事会成员实施财务纪律改善公司的状况。他不卖空，不做货币和其他金融衍生品的生意，也不用对冲基金常用的花样较多的运作手法，他习惯于长期持有某大家公司的股份。

保密是成就爱德华·兰伯特的一个因素，这让股东们获得了最大利益，也让他成为极具影响力的对冲基金大亨。

共享绝密信息，掌控顶级资源

神秘而封闭的精英社团虽然对外界严守秘密，在内部却共享秘密信息，很多人得到宝贵信息，抓住机会，迅速成功。哈肯能源公司的艾伦·夸什作为骷髅会会员就曾因此获得财富。

布什家族中有很多人毕业于耶鲁大学，乔治·布什的父亲普雷斯科特·布什是家族中最早加入骷髅会的，他是耶鲁大学 1917 级的学生。入会后，他如得神助，后来成为参议员。乔治·布什是耶鲁大学 1948 级的学生，也是"骷髅会"成员，他后来成为美国总统。

艾伦·夸什得知乔治·布什要发动海湾战争，先引诱萨达姆侵略科威特，再彻底击败萨达姆这个不服从的人。海湾是中东的核心地带，石油资源丰富，而作为能源公司，谁能获得石油谁就会成为市场主宰者。艾伦·夸什在战争开始时把石油卖给参战方，获得了巨额资金。当时很多人对艾伦·夸什从海湾战争中获益羡慕不已，后来才知道他是从骷髅会得到的绝密信息，而这种机会别人是不会有的。美国后来不断公布的资料和文件显示，乔治·布什发动海湾战争和"骷髅会"里面的家族的价值观和世界观有密切关系。

一百多年来，骷髅会会员遍布于美国政界、商界、学界，是各个领域的精英，这也是其传奇之处。经过 180 多年的发展，从白宫、国会、内阁、最高法院到中央情报局，都有骷髅会会员。骷髅会会员中有三位美国总统、两位最高法院首席大法官、几十位内阁成员、上百位参众两院议员，而美国中央情报局（CIA）更是遍布着骷髅会会员。

在美国社会的金字塔塔尖上，他们几乎无孔不入，控制了美国社会，是一个封闭式的美国版贵族阶层。所以，进入骷髅会就等于进入了美国上层社会，他们能在组织中得到进入国家权力机构的方法，毕业时还能得到所有骷髅会会员的联系方式。那些赫赫有名的精英名字，就像平步青云的梯子。

在其他世界名校也有许多神秘的精英社团，那些社团同样是大富豪、大政客的"摇篮"。英国牛津大学的"布灵顿俱乐部"就是此类组织，至今已有 200 多年的历史，它以前是以狩猎和板球为主的俱乐部。这个组织也与英国商界、政界关系密切，能入会的多数是来自富豪之家的学生，其著名会员包括英国保守党现任领袖大卫·卡梅伦首相、现任伦敦市长鲍里斯·约翰逊，以及现任英国财政大臣乔治·奥斯本等。

那些加入精英社团，分享顶级宝贵资源，并保守秘密的精英们，眼下依然在强强联手，制造出一个又一个神话。我们虽不能照本宣科，进入那样的超级社团，却可以学习他们的一些方法与精神，并且将之用于发展自己的事业。

主要参考文献

［1］（美）洛温斯坦著，蒋旭峰、王丽萍译，《巴菲特传》，中信出版社，2010 年 7 月出版。

［2］柳亨桦，《向股神巴菲特学习》，广东人民出版社，2005 年 1 月出版。

［3］李金生，《网易掌门人丁磊》，现代出版社，2009 年 9 月出版。

［4］刘世英，《马云正传》，湖南文艺出版社，2008 年 7 月出版。

［5］刘艳静，《巨人不倒的秘密：湖南商人史玉柱》，现代出版社，2011 年 11 月出版。

［6］于成龙，《比尔·盖茨全传》，新世界出版社，2005 年 8 月出版。

［7］（美）理查德·勃兰特著，谭永乐译，《谷歌小子》，中信出版社，2010 年 4 月出版。

［8］杨雨山，《蒙牛教主：牛根生》，山西人民出版社，2010 年 3 月出版。

［9］刘世英、彭征，《谁认识马云》，中信出版社，2008 年 10 月出版。

［10］王虎，《转身奇才李宁》，现代出版社，2009 年 12 月出版。

［11］（美）沃尔特·艾萨克森著，管延圻等译，《史蒂夫·乔布斯

传》，中信出版社，2011 年 10 月出版。

［12］王静，《硅谷顽童：埃里森》，青岛出版社，2008 年 7 月出版。

［13］牟家和、王国宇，《亚洲华人企业家传奇》，新世界出版社，2010 年 9 月出版。

［14］徐欣，《88 位世界富豪的成长记录》，中国戏剧出版社，2004 年 11 月出版。

［15］汪中求，《细节决定成败》，新华出版社，2009 年 4 月出版。

［16］张媛，《扎克伯格：从"校园 CEO"到"最年轻富翁"》，《经济参考报》，2012 年 2 月 10 日。

［17］陈一舟，《陈一舟：从第四种赢利模式突围》，《商务周刊》，2005 年 23 期。

［18］阿南，《＜福布斯＞盘点亿万富豪八大共性》，《广州日报》，2012 年 3 月 6 日。